SAMMLUNG GÖSCHEN BAND 930

ELEMENTARE UND KLASSISCHE ALGEBRA

VOM MODERNEN STANDPUNKT

von

DR. WOLFGANG KRULL

o. Professor an der Universität Bonn

3., erweiterte Auflage

Band I

WALTER DE GRUYTER & CO.

vormals G. J. Göschen'sche Verlagshandlung · J. Guttentag, Verlagsbuchhandlung · Georg Reimer · Karl J. Trübner · Veit & Comp.

BERLIN 1963

Inhalt

Literatur

1. Bieberbach-Bauer, Algebra. Leipzig, Teubner 1928.
2. H. Hasse, Höhere Algebra. I. Lineare Gleichungen. Sammlung Göschen Nr. 931.
3. H. Hasse, Höhere Algebra. II. Gleichungen höheren Grades. Sammlung Göschen Nr. 932.
4. H. Hasse u. W. Klobe, Aufgabensammlung zur höheren Algebra. Sammlung Göschen Nr. 1082.
5. O. Haupt, Lehrbuch der Algebra. 2 Bde. Leipzig, Akademische Verlagsgesellschaft m. b. H. 2. Aufl. 1952.
6. O. Perron, Algebra. 2 Bde. Berlin, Walter de Gruyter & Co. Göschens Lehrbücherei Bd. 8 u. 9. 3. Aufl. 1951 u. 1952.
7. B. L. van der Waerden, Moderne Algebra I. Grundlehren d. Math. Wiss. 33. Berlin, Springer, 3. Aufl. 1950.

Vorbemerkungen

In dem vorliegenden Buche habe ich mich bemüht, möglichst vollständig diejenigen Teilgebiete der nichtlinearen Algebra, insbesondere der Gleichungstheorie zu behandeln, die auch dem der Algebra ferner stehenden Mathematiker vertraut sein sollten. Gleichzeitig war es mein Ziel, durch die Form der Darstellung den Leser in die moderne Denkweise einzuführen und ihn so auf die eigentliche „Höhere Algebra" vorzubereiten. Zu den einzelnen Abschnitten sei bemerkt:

Abschnitt I enthält eine Neubegründung des bereits auf der Schule geübten Buchstabenrechnens unter Voranstellung des für die moderne Algebra grundlegenden Körperbegriffs. Der Anfänger möge gerade diesen Abschnitt sorgfältig durcharbeiten. In Abschnitt II werden die rationalen Beziehungen zwischen den Nullstellen und den Beiwerten (Koeffizienten) algebraischer Gleichungen und die Zerlegung ganzzahliger Polynome behandelt. Auch der Sturmsche Satz hat hier seinen Platz gefunden. Die elementare Auflösung der Gleichungen 2. bis 4. Grades durch Wurzelzeichen bringt Abschnitt III. Höhere Gesichtspunkte — eine Einführung in den Gedankenkreis des Bézoutschen Satzes — finden sich dort, wo die homogene Schreibweise benutzt wird, vor allem bei der Lösung zweier simultaner quadratischer Gleichungen. — Abschnitt IV behandelt zunächst die Konstruktion algebraischer Oberkörper nach Kronecker und Steinitz, sowie die moderne Gradtheorie. Im übrigen schließt sich der Abschnitt eng an die geschichtliche Entwicklung an, indem als Vorbereitung für die Gaußsche Kreisteilungstheorie von Abschnitt V die Untersuchungen von Lagrange besprochen werden, die für die moderne Gleichungstheorie grundlegend geworden sind. Unmittelbar bis zur allgemeinen Galoisschen Theorie führt Abschnitt VI.

Zunächst wird — ohne Gruppentheorie — gezeigt, daß metazyklische Körper und Radikalkörper im wesentlichen gleichwertige Begriffe sind. Dann wird nach Kronecker die Existenz von ganzzahligen, nicht durch Radikale lösbaren Gleichungen von Primzahlgrad bewiesen. Zum Abschluß werden die Hauptsätze der Galoisschen Theorie ohne Beweis formuliert, und es wird gleichzeitig der Grundgedanke des klassischen Abelschen Unmöglichkeitsbeweises herausgearbeitet. — Abschnitt VII entwickelt die Theorie der archimedisch und nichtarchimedisch geordneten Ringe und Körper. Hier ordnet sich dann der Artin-van der Waerdensche Fundamentalsatz für reell abgeschlossene Körper und der Gaußsche Fundamentalsatz der Algebra in natürlicher Weise ein.

Abschnitt I. Formales Rechnen

§ 1. Der Körperbegriff

Die Algebra wird beherrscht von den vier Grundrechnungsarten Addition, Subtraktion, Multiplikation, Division. Der Leser geht am besten mit diesen Rechnungsarten zunächst so um, wie er es vom elementaren Buchstabenrechnen her gewohnt ist. Eine Zusammenstellung derjenigen formalen Eigenschaften der Addition usw., auf die es in der Algebra allein ankommt, findet sich am Schlusse des Paragraphen.

Ein System $\mathfrak{R}$, für dessen Elemente Addition, Subtraktion und Multiplikation definiert und unbeschränkt ausführbar sind, wird als „Ring" bezeichnet. Ist in $\mathfrak{R}$ außerdem auch die Division durch von 0 verschiedene Elemente unbeschränkt ausführbar, so heißt $\mathfrak{R}$ ein „Körper". — Der Ring $\mathfrak{R}$ ist dann und nur dann ein Körper, wenn $\mathfrak{R}$ gleichzeitig mit einem beliebigen Elemente $a \neq 0$ stets auch das dazu reziproke Element $a^{-1} = \frac{1}{a}$ enthält.

Die Bedeutung des Ring- und Körperbegriffs erkennt man am besten durch die Betrachtung von Beispielen. Beschränkt man sich, wie wir im folgenden, so weit nichts anderes ausdrücklich angegeben wird, stets tun wollen, auf die Betrachtung von solchen Ringen und Körpern, bei denen das weiter unten erwähnte Element $\bar{0}$ bzw. 1 mit der Zahl 0 bzw. 1 zusammenfällt, so ist der einfachst denkbare Ring das System $\mathfrak{R}_0$ aller positiven und negativen ganzen Zahlen (einschließlich der Null). Das Teilsystem aller positiven ganzen Zahlen bildet für sich allein keinen Ring, da die Subtraktion innerhalb dieses Teilsystems nicht unbeschränkt ausführbar ist. Der einfachste Körper $\mathfrak{K}_0$ besteht aus allen rationalen Zahlen, also aus allen Brüchen der Form $\frac{a_0}{b_0}$ (a_0, b_0 in $\mathfrak{R}_0$; $b_0 \neq 0$). Die Menge $\mathfrak{K}_r$ aller reellen Zahlen, also aller endlichen oder unendlichen Dezimalbrüche, stellt einen echten Oberkörper von $\mathfrak{K}_0$ dar, also einen Körper, der alle Elemente von $\mathfrak{K}_0$, außerdem aber auch nicht zu $\mathfrak{K}_0$ gehörige Elemente enthält. Einen echten Oberkörper von $\mathfrak{K}_r$ bildet die Menge $\mathfrak{K}_k$ aller komplexen Zahlen, also aller Zahlen der Form $\alpha = a + bi$ (a und b reell, i imaginäre Einheit).

Bei der Betrachtung von $\mathfrak{K}_k$ hat man die Rechenregeln $(a + bi) \pm (c + di) = (a \pm c) + (b \pm d)i$; $(a + bi) \cdot (c + di) = (ac - bd) + (ad + bc)i$; $(a + bi)^{-1} = (a^2 + b^2)^{-1} \cdot (a - bi)$ zu beachten. Aus diesen Regeln folgt nun, daß auch das System $\mathfrak{K}'_k$ aller „rationalen komplexen Zahlen", d. h. aller $\alpha = a + bi$ (a, b in $\mathfrak{K}_0$) einen Körper darstellt. $\mathfrak{K}'_k$ ist ein echter Oberkörper von $\mathfrak{K}_0$ und ein echter Unterkörper von $\mathfrak{K}_k$. Von den Körpern $\mathfrak{K}'_k$, $\mathfrak{K}_r$ ist keiner im anderen enthalten. Der Durchschnitt von $\mathfrak{K}'_k$ und $\mathfrak{K}_r$, d. h. die Menge aller gleichzeitig zu $\mathfrak{K}'_k$ und $\mathfrak{K}_r$ gehörigen Elemente ist der Körper $\mathfrak{K}_0$.

Ein für die Algebra charakteristischer Vorgang besteht darin, daß man aus einem gegebenen Körper $\mathfrak{K}$ bzw. Ring $\mathfrak{R}$ durch Hinzunahme neuer Elemente einen Oberkörper $\mathfrak{L}$ bzw. Oberring $\mathfrak{O}$ bildet. Dabei können die neuen Elemente „Unbestimmte" sein (vgl. zu diesem Begriff § 3, insbesondere Anm. [1])), es können aber auch zwischen ihnen und den Elementen von $\mathfrak{K}$ bzw. $\mathfrak{R}$ algebraische Beziehungen bestehen. Beide Möglichkeiten kommen bereits in der Schulmathematik vor. Das übliche „Buchstabenrechnen" ist nichts anderes als das Operieren in einem Körper oder Ring, den man aus einem geeigneten Zahlkörper (etwa aus $\mathfrak{K}_0$, $\mathfrak{K}_r$, $\mathfrak{K}_k$) durch Hinzunahme von endlich vielen Unbestimmten gewonnen hat. In diesem Sinne bringen die folgenden Paragraphen (bis § 7 einschließlich) einfach eine Entwicklung der Grundlagen des Buchstabenrechnens „vom höheren Standpunkt". Aber auch die Bildung von Oberkörpern mit algebraischen Beziehungen zwischen den neu hinzugenommenen Elementen und denen des Grundkörpers spielt schon in der Schulmathematik eine nicht unbeträchtliche Rolle. Die Bedeutung der üblichen Rechenregeln für Quadratwurzeln, insbesondere des „Wegschaffens der Quadratwurzeln aus dem Nenner" wird erst vom körpertheoretischen Standpunkt aus voll verständlich.

Die für uns allein wichtigen Eigenschaften der Addition und Multiplikation sind bei beliebigen Ringen die folgenden:

a) $(a + b) + c = a + (b + c)$; $(a \cdot b) \cdot c = a \cdot (b \cdot c)$ (assoziatives Gesetz).

b) $a + b = b + a$; $a \cdot b = b \cdot a$ (kommutatives Gesetz).

c) $(a + b) \cdot c = a \cdot c + b \cdot c$ (distributives Gesetz).

d) Es gibt ein „Nullelement" bzw. „Einheitselement" $\bar{0}$ bzw. $\bar{1}$ der Addition bzw. Multiplikation, das für jedes a der Gleichung $a + \bar{0} = a$ bzw. $a \cdot \bar{1} = a$ genügt.

e) Zu jedem a gibt es ein (eindeutig bestimmtes) Element $-a$, für das $a + (-a) = \bar{0}$ wird.

In jedem Körper gilt außerdem

f) Es gibt zu jedem Element $a \neq \bar{0}$ ein (eindeutig bestimmtes) Element a^{-1}, für das $a \cdot a^{-1} = \bar{1}$ wird.

Aus e) folgt sofort die allgemeine eindeutige Ausführbarkeit der Subtraktion, d. h. die Lösbarkeit der Gleichung $a + x = b$. Analog ergibt sich aus f) die Möglichkeit der Division durch jedes $a \neq \bar{0}$. Besonders betont sei die Tatsache, daß die Division durch Null grundsätzlich ausgeschlossen ist. Die Gleichung $a \cdot \bar{0} = \bar{0}$ ist eine einfache Folge von c), gilt also in jedem Ring.

Im übrigen beschränken wir uns auf die Betrachtung von solchen Ringen, in denen keine „Nullteiler" auftreten, d. h. Ringe mit der Eigenschaft:

g) Aus $a \cdot b = \bar{0}$, $a \neq \bar{0}$ folgt $b = \bar{0}$.

Bei einem Körper ist g) selbstverständlich, denn aus $a \cdot b = \bar{0}$, $a \neq \bar{0}$ ergibt sich durch Multiplikation mit a^{-1} sofort: $\bar{0} = a^{-1} \cdot \bar{0} = a^{-1} \cdot (a \cdot b) = (a^{-1} \cdot a) \cdot b = \bar{1} \cdot b = b$.

Da sich das Nullelement $\bar{0}$ bzw. das Einselement $\bar{1}$ weitgehend analog den Zahlen 0 und 1 verhalten, lassen wir in Zukunft dort, wo kein Mißverständnis zu befürchten ist, den Querstrich fort und schreiben einfach 0 und 1.

Die Körper lassen sich einfacher charakterisieren, wenn man den für die moderne Algebra grundlegenden Gruppenbegriff einführt. Eine Menge G von Elementen $a, b \ldots$ zwischen denen eine Verknüpfung $\circ$ definiert ist, heißt eine Gruppe (hinsichtlich $\circ$), wenn folgende Bedingungen erfüllt sind: 1. Für jedes Paar a, b aus G gehört auch $a \circ b = c$ zu G. 2. $(a \circ b) \circ c = a \circ (b \circ c)$ für alle a, b, c aus G. 3. Es gibt eine $\circ$-Eins $\underset{\circ}{e}$, derart daß $\underset{\circ}{e} \circ a = a \circ \underset{\circ}{e}$ für alle a aus G. 4. Zu jedem a gibt es ein $\underset{\circ}{a}^{-1}$, derart daß $\underset{\circ}{a}^{-1} \circ a = a \circ \underset{\circ}{a}^{-1}$. G wird kommutativ oder abelsch genannt, wenn außerdem noch gilt: 5. $a \circ b = b \circ a$ für alle a, b aus G. — Die Eigenschaften a)—c), e)—f) lassen sich jetzt so formulieren: Bei einem Körper bildet die Menge aller bzw. aller von 0 verschiedenen Elemente eine kommutative $+$- bzw. $\circ$-Gruppe, wobei $\underset{+}{e} = 0$, $\underset{+}{a}^{-1} = -a$ und $\underset{\circ}{e} = 1$, $\underset{\circ}{a}^{-1} = a^{-1}$.

Wenn wir von einer Menge $\mathfrak{M}$ reden, meinen wir naiv eine wohldefinierte Gesamtheit von „Elementen". Das Grundlagenproblem, wann eine unendliche Gesamtheit als wohldefiniert anzusehen ist, fällt aus unserem Rahmen heraus. Ist $\mathfrak{M}$ Obermenge von $\mathfrak{N}$, so schreiben wir $\mathfrak{M} \geqq \mathfrak{N}$, $\mathfrak{N} \leqq \mathfrak{M}$ bzw., wenn $\mathfrak{M}$ und $\mathfrak{N}$ sicher verschieden sind, $\mathfrak{M} > \mathfrak{N}$, $\mathfrak{N} < \mathfrak{M}$. „System" und „Menge" sind für uns Synonyme. Unter dem Durchschnitt $\mathfrak{D}$ bzw. der Vereinigungsmenge $\mathfrak{S}$ eines Systems Σ von Mengen $\mathfrak{U}$ verstehen wir die Menge der Elemente a, die in allen bzw. mindestens einem $\mathfrak{U}$ aus Σ vorkommen.

§ 2. Quotientenkörperbildung

Die folgenden Betrachtungen zeigen an einem einfachen Beispiel den praktischen Wert des allgemeinen Körper- und

Ringbegriffs. Bekanntlich ist das Rechnen mit Brüchen, insbesondere die Addition und Division, auch für viele der Schule entwachsene Gebildete keineswegs eine einfache Sache. Wir behandeln nun die Aufgabe, einen ganz beliebigen, von Nullteilern freien Ring $\mathfrak{R}$ genau so zu einem Körper $\mathfrak{K}$ zu erweitern, wie man es bei dem Ring $\mathfrak{R}_0$ der ganzen Zahlen macht, wenn man durch Einführung der gewöhnlichen Brüche zum Körper $\mathfrak{K}_0$ der rationalen Zahlen übergeht. Dabei wird sich zeigen, daß der allgemeine Fall in gewissem Sinne leichter zu erledigen ist als der von der Schule her bekannte Spezialfall. — Der gesuchte Körper $\mathfrak{K}$ soll offenbar aus allen formalen „Brüchen" $\frac{a}{b}$ (a und b in $\mathfrak{R}$, $b \neq 0$) bestehen („Quotientenkörper"!) wobei insbesondere für beliebige a stets $\frac{a}{1} = a$ zu setzen ist. Aus der Tatsache, daß der Bruch $\frac{a}{b}$ eingeführt wird, um eine Lösung der Gleichung $b \cdot x = a$ zu erhalten, ergibt sich sofort zwangsläufig die folgende Gleichheitsdefinition:

$\frac{a_1}{b_1} = \frac{a_2}{b_2}$ in $\mathfrak{K}$ dann und nur dann, wenn $a_1 \cdot b_2 = a_2 \cdot b_1$ in $\mathfrak{R}$.

In der Tat, soll $\frac{a_1}{b_1} = \frac{a_2}{b_2}$ sein, so muß, da ja die Gesetze a) bis f) in $\mathfrak{K}$ gelten sollen, notwendig $a_1 \cdot b_2 = \left(\frac{a_1}{b_1} \cdot b_1\right) \cdot b_2 = \frac{a_1}{b_1} \cdot (b_1 \cdot b_2) = \frac{a_2}{b_2} \cdot (b_2 \cdot b_1) = \left(\frac{a_2}{b_2} \cdot b_2\right) \cdot b_1 = a_2 \cdot b_1$ sein. — Haben wir umgekehrt $a_1 \cdot b_2 = a_2 \cdot b_1$, wobei $b_1 \neq 0$, $b_2 \neq 0$ und damit wegen der Nullteilerfreiheit von $\mathfrak{R}$ auch $b_1 \cdot b_2 \neq 0$ ist, so haben wir in anderer Schreibweise $\frac{a_1}{b_1} (b_1 \cdot b_2) = \left(\frac{a_1}{b_1} \cdot b_1\right) b_2$

$$= \left(\frac{a_2}{b_2} \cdot b_2\right) \cdot b_1 = \frac{a_2}{b_2} \cdot (b_2 \cdot b_1), \text{ also } \left(\frac{a_1}{b_1} - \frac{a_2}{b_2}\right) \cdot (b_1 \cdot b_2) = 0,$$

und daraus muß wegen der Nullteilerfreiheit jedes Körpers $\frac{a_1}{b_1} = \frac{a_2}{b_2}$ folgen.

Unsere Gleichheitsdefinition ist also jedenfalls zwangsläufig festgelegt, es fragt sich nur, ob diese Definition auch immer brauchbar ist[1]). Dazu ist zu zeigen: 1. $\frac{a_1}{b_1} = \frac{a_1}{b_1}$ („Reflexivität") 2. Aus $\frac{a_1}{b_1} = \frac{a_2}{b_2}$ folgt $\frac{a_2}{b_2} = \frac{a_1}{b_1}$ („Symmetrie") 3. Aus $\frac{a_1}{b_1} = \frac{a_2}{b_2}$, $\frac{a_2}{b_2} = \frac{a_3}{b_3}$ folgt $\frac{a_1}{b_1} = \frac{a_3}{b_3}$ („Transitivität"). 1. und 2. sind aber in unserem Fall klar. Ist ferner $a_1 b_2 = a_2 b_1$, $a_2 b_3 = a_3 b_2$ ($b_1 \neq 0$, $b_2 \neq 0$, $b_3 \neq 0$), so haben wir $a_1 \cdot b_2 \cdot b_3 = a_2 \cdot b_1 \cdot b_3 = a_3 \cdot b_1 \cdot b_2$, $(a_1 \cdot b_3 - a_3 \cdot b_1) \cdot b_2 = 0$ und weiter wegen $b_2 \neq 0$ und der Nullteilerfreiheit von $\mathfrak{R}$: $a_1 b_3 = a_3 b_1$, $\frac{a_1}{b_1} = \frac{a_3}{b_3}$.

Bedingung 1. 2. und 3. sind also erfüllt, unsere Gleichheitsdefinition ist stets brauchbar. Aus ihr ergibt sich sofort die Möglichkeit des Erweiterns und Kürzens, $\frac{a}{b} = \frac{a \cdot c}{b \cdot c}$ $(c \neq 0)$, sowie die Tatsache, daß $\frac{a}{b}$ dann und nur dann zu $\mathfrak{R}$ gehört, daß $\frac{a}{b} = \frac{c}{1} = c$ wird, wenn „a in $\mathfrak{R}$ durch b teilbar" ist, d. h. wenn in $\mathfrak{R}$ eine Gleichung $a = b \cdot c$ gilt. — Auch die Definitionen von Addition und Multiplikation ergeben sich sofort

[1]) Vgl. hierzu **Hasse I a. a. O. § 2.**

zwangsläufig: Offenbar muß $(b_1 \cdot b_2) \cdot \left(\frac{a_1}{b_1} + \frac{a_2}{b_2}\right) = (b_1 \cdot b_2) \cdot \frac{a_1}{b_1} + (b_1 \cdot b_2) \cdot \frac{a_2}{b_2} = b_2 \cdot a_1 + b_1 \cdot a_2$ und $(b_1 \cdot b_2) \cdot \left(\frac{a_1}{b_1} \cdot \frac{a_2}{b_2}\right) = a_1 \cdot a_2$ werden, d. h. man hat zu setzen $\frac{a_1}{b_1} + \frac{a_2}{b_2} = \frac{a_1 \cdot b_2 + a_2 \cdot b_1}{b_1 \cdot b_2}$, $\frac{a_1}{b_1} \cdot \frac{a_2}{b_2} = \frac{a_1 \cdot a_2}{b_1 \cdot b_2}$. Es ist nun noch zu verifizieren, daß bei diesen Definitionen aus $\frac{a_i}{b_i} = \frac{c_i}{d_i}$ $(i = 1, 2)$ stets $\frac{a_1}{b_1} + \frac{a_2}{b_2} = \frac{c_1}{d_1} + \frac{c_2}{d_2}$, $\frac{a_1}{b_1} \cdot \frac{a_2}{b_2} = \frac{c_1}{d_1} \cdot \frac{c_2}{d_2}$ folgt, und daß die formalen Bedingungen a) bis f) von § 1 für die Addition und Multiplikation erfüllt sind. Aber das sind ganz einfache Überlegungen, deren Durchführung dem Leser überlassen werden kann. (Man muß dabei dauernd die Tatsache ausnützen, daß der Ring $\mathfrak{R}$ jedenfalls den Forderungen a) bis e) genügt.) Natürlich wird $-\frac{a}{b} = \frac{(-a)}{b}$; $\left(\frac{a}{b}\right)^{-1} = \frac{b}{a}$ $(a \neq 0)$, das letztere wegen $\frac{a}{b} \cdot \frac{b}{a} = \frac{a \cdot b}{a \cdot b} = 1$. — Damit ist nicht nur die Existenz des Quotientenkörpers $\mathfrak{K}$ gesichert, es ist auch, da wir zwangsläufig auf die Definitionen von Gleichheit, Addition und Multiplikation kamen, nachgewiesen, daß $\mathfrak{K}$ durch den Ausgangsring eindeutig bestimmt ist. Dabei waren die entscheidenden Überlegungen so einfach, daß ihre Rekonstruktion nach einmaliger gründlicher Durchdenkung auch dem Mindergeübten keine Schwierigkeit machen dürfte. —

Anders ist es bei der üblichen Einführung der rationalen Brüche in der Schulmathematik. Hier werden einerseits gewöhnlich die zwischen den ganzen Zahlen bestehenden, aber für die Quotientenbildung unwesentlichen Größenbeziehungen zu früh ins Spiel gebracht. (Einteilung der positiven Brüche in „echte" (< 1) und unechte (> 1), Darstellung eines Bruches als „gemischte Zahl", d. h. Herausziehung des größten Ganzen). Andererseits und hauptsächlich wird viel zu großes Gewicht auf die Tatsache gelegt, daß wegen der eindeutigen Primfaktorzerlegung, also einer ganz speziellen und keineswegs selbstverständlichen Eigenschaft der ganzen Zahlen, jeder rationale Bruch eine „gekürzte" Normaldarstellung besitzt. Das führt vor allem bei der Bruchaddition zur Vernachlässigung der einfachen und allgemeinen Formel $\frac{a_1}{b_1} + \frac{a_2}{b_2} = \frac{a_1 b_2 + a_2 b_1}{b_1 \cdot b_2}$ und zum ausschließlichen Arbeiten mit dem „Hauptnenner", dessen Berechnung die Bildung des „kleinsten gemeinschaftlichen Vielfachen" von b_1 und b_2, d. h. die Lösung einer durchaus nicht trivialen zahlentheoretischen Aufgabe erfordert. — Bei einem beliebigen Ausgangsring $\mathfrak{R}$ bleibt die Bestimmung des Hauptnenners erspart, weil ein solcher keineswegs immer existiert. Die Betrachtung des allgemeinen „abstrakten" Falles führt also hier zwangsläufig zu dem einfachen und gerade auch für den Ungeübten empfehlenswerten Aufbau der Bruchrechnung.

§ 3. Polynome in einer Unbestimmten

Es sei $\mathfrak{K}$ ein beliebiger Körper, x eine Unbestimmte[1]), $\mathfrak{P} = \mathfrak{K}[x]$ bedeute den „Polynomring in x über $\mathfrak{K}$", d. h. die Menge aller „Polynome"

---

[1]) Eine „Unbestimmte" x im Sinne des Textes ist einfach eine Rechenmarke. Wesentlich ist, daß x mit den Elementen des Ausgangskörpers $\mathfrak{K}$ durch keine algebraische Beziehung verknüpft ist, daß also keine Gleichung $x^n + a_1 x^{n-1} + \cdots + a_n = 0$ mit Beiwerten a_i aus $\mathfrak{K}$ gilt. In diesem Sinn sind z. B. die Zahlen e und π Unbestimmte über dem Körper $\mathfrak{K}_0$ der rationalen Zahlen, — (aber nicht über dem Körper $\mathfrak{K}_r$ der reellen Zahlen, der ja selbst e und π als Elemente enthält). Andererseits braucht bei Anwendungen eine Unbestimmte x keineswegs immer als Zahl gedeutet zu werden. Sehr häufig wird z. B. über dem Körper aller reellen oder aller komplexen Zahlen unter x irgendeine Funktion, — etwa $w = \frac{1}{z}$, $w = \sin z$ usw. —, zu verstehen sein, und zwar die Funktion im ganzen, nicht der Funktionswert an einer einzelnen Stelle. Im übrigen ist die Möglichkeit derartiger anschaulicher Deutungen von x für unsere algebraischen Betrachtungen nebensächlich. — Man unterscheide scharf zwischen dem Begriff der „Unbestimmten" und dem der (in irgendeiner Gleichung auftretenden) „Unbekannten".

$$p(x) = a_0 + a_1 x + \cdots + a_n x^n \ (n \geqq 0)^{2)}$$

bei denen die „Beiwerte“ (Koeffizienten) a_i dem Körper $\mathfrak{K}$ angehören. Addition, Subtraktion und Multiplikation erfolgen in $\mathfrak{P}$ nach bekanntem Schema:

$$(a_0 + a_1 x + a_2 x^2 + \cdots) \pm (b_0 + b_1 x + b_2 x^2 + \cdots)$$
$$= (a_0 \pm b_0) + (a_1 \pm b_1) x + (a_2 \pm b_2) x^2 + \cdots;$$
$$(a_0 + a_1 x + a_2 x^2 + \cdots + a_n x^n) \cdot (b_0 + b_1 x + b_2 x^2 + \cdots$$
$$+ b_m x^m) = a_0 b_0 + (a_0 b_1 + a_1 b_0) x + (a_0 b_2 + a_1 b_1 + a_2 b_0) x^2$$
$$+ \cdots + a_n b_m x^{m+n}.$$

Daß $\mathfrak{P}$ ein Ring ist, ist selbstverständlich; daß $\mathfrak{P}$ keinen Körper darstellt, folgt z. B. aus der Tatsache, daß $x^{-1} = \frac{1}{x}$ nicht zu $\mathfrak{P}$ gehört. Unter dem „Grad“ des Polynoms $p(x)$ versteht man den Exponenten der höchsten Potenz von x, die in $p(x)$ „wirklich“, d. h. mit einem von 0 verschiedenen Beiwert auftritt. 0 wird der Wert $-\infty$ zugeschrieben, wobei $-\infty < n$; $-\infty + n = -\infty$ für $n = 0, 1, 2, \ldots$ gelten soll. Der Grad von $p(x)$ bezeichnen wir kurz mit $|p(x)|$. Aus dem Multiplikationsschema der Polynome folgt sofort der

Gradsatz. Der Grad des Produktes zweier Polynome ist gleich der Summe der Grade der Faktoren.

Der Gradsatz zeigt insbesondere, daß das Produkt zweier von Null verschiedener Polynome stets selbst von Null verschieden ist. Aus $a(x) \cdot b(x) = a(x) \cdot c(x)$, $a(x) \neq 0$ folgt daher (wegen $a(x) \cdot (b(x) - c(x)) = 0$) stets $b(x) = c(x)$.

Das Polynom $p(x)$ heißt „teilbar“ durch das Polynom $q(x)$, wenn der Quotient $\frac{p(x)}{q(x)}$ zu $\mathfrak{P}$ gehört, wenn also eine Gleichung $p(x) = q(x) \cdot r(x)$ gilt. Ist $p(x)$ durch $q(x)$ teilbar, so kann wegen des Gradsatzes der Grad von $p(x)$ nicht

[2]) Potenzen mit ganzzahligem Exponenten können in jedem Ring in der aus der Elementarmathematik bekannten Weise gebildet werden. Insonderheit wird stets $a^0 = 1$ gesetzt, auch für $a = 0$.

kleiner sein als der von $q(x)$; haben $p(x)$ und $q(x)$ den gleichen Grad, so unterscheiden sie sich nur um einen Faktor a aus dem Beiwertkörper $\mathfrak{K}$, und es ist nicht nur $p(x)$ durch $q(x)$, sondern auch $q(x)$ durch $p(x)$ teilbar: $p(x) = a \cdot q(x)$, $q(x) = a^{-1} \cdot p(x)$. Zwei wechselseitig durcheinander teilbare Polynome werden im folgenden als „*nicht wesentlich verschieden*" angesehen. In jeder Schar wechselseitig durcheinander teilbarer Polynome gibt es ein einziges „normiertes" Polynom, das dadurch ausgezeichnet ist, daß bei ihm die höchste wirklich auftretende x-Potenz den Beiwert 1 besitzt. Gleichzeitig mit $b(x)$ und $c(x)$ ist stets auch $b(x) \cdot c(x)$ normiert. Ist umgekehrt $a(x) = b(x) \cdot c(x)$ eine beliebige Faktorzerlegung des normierten Polynoms $a(x)$, und bedeutet β bzw. γ den Beiwert der höchsten in $b(x)$ bzw. $c(x)$ wirklich auftretenden x-Potenz, so ist $\gamma = \beta^{-1}$, und es wird $a(x) = (\beta^{-1} \cdot b(x)) \cdot (\beta \cdot c(x))$ eine Zerlegung von $a(x)$, bei der die von $b(x)$ bzw. $c(x)$ nicht wesentlich verschiedenen Faktoren $\beta^{-1} \cdot b(x)$ bzw. $\beta \cdot c(x)$ beide normiert sind. Bei einem normierten Polynom braucht man daher nur Zerlegungen in normierte Faktoren zu betrachten. — Die Grundlage für die Teilbarkeitstheorie der Polynome bildet der

Ausdivisionssatz. Zu zwei Polynomen $p(x)$ und $q(x)$ von den Graden m und n ($n \leqq m$) gibt es stets ein eindeutig bestimmtes drittes Polynom $s(x)$, derart, daß der „Rest" $p(x) - q(x) \cdot s(x) = r(x)$ ein Polynom höchstens $(n-1)$-ten Grades wird.

Die Bestimmung von $s(x)$ (und damit auch von $r(x)$) erfolgt nach dem von der elementaren Buchstabenrechnung her bekannten Divisionsverfahren. Zunächst wählt man c_0 so, daß in $p(x) - c_0 x^{m-n} \cdot q(x)$ der Beiwert von x^m gleich 0 wird, dann macht man (für $m - 1 \geqq n$) durch geeignete Wahl von c_1 den Beiwert von x^{m-1} in $(p(x) - c_0 x^{m-n} \cdot q(x)) - c_1 x^{m-n-1} \cdot q(x) = p(x) - (c_0 x^{m-n} + c_1 x^{m-n-1}) \cdot q(x)$ zu Null usw. — Hat ferner sowohl $r_1(x) = p(x) - q(x) \cdot s_1(x)$

als auch $r_2(x) = p(x) - q(x) \cdot s_2(x)$ einen kleineren Grad als n, so ist auch der Grad von $r_1(x) - r_2(x) = q(x)\,(s_2(x) - s_1(x))$ kleiner als der Grad n von $q(x)$, und daraus folgt sofort $r_1(x) - r_2(x) = 0$, $s_1(x) - s_2(x) = 0$.

Zu endlich vielen von 0 verschiedenen Polynomen $a_1(x), \ldots, a_r(x)$ betrachten wir die Menge $\mathfrak{M}$ aller Polynome $c(x)$, die sich in der Form $c(x) = b_1(x) \cdot a_1(x) + \cdots + c_r(x) \cdot a_r(x)$ darstellen lassen. Offenbar gehören mit $c_1(x)$ und $c_2(x)$ immer auch alle Polynome der Form $q_1(x) \cdot c_1(x) + q_2(x) \cdot c_2(x)$ zu $\mathfrak{M}$. Ist also speziell $n > -\infty$ der kleinste Grad, für den $\mathfrak{M}$ ein Polynom $c(x) \neq 0$ mit $|\,c(x)\,| = n$ enthält, so gibt es sicher in $\mathfrak{M}$ auch ein normiertes Polynom $t(x)$ vom Grade n. Es gilt nun: 1. Teilt $s(x)$ alle $a_i(x)$, so teilt $s(x)$ auch $t(x)$. — 2. $t(x)$ seinerseits teilt alle $a_i(x)$ und damit auch alle Polynome aus $\mathfrak{M}$. 1. folgt sofort aus der Gültigkeit einer Gleichung $t(x) = b_1(x) \cdot a_1(x) + \cdots + b_r(x) \cdot a_r(x)$. Nach dem Ausdivisionssatz haben wir ferner $a_i(x) = q_i(x) \cdot t(x) = d_i(x)$; $|\,d_i(x)\,| < |\,t(x)\,| = n$ $(i = 1, \ldots, r)$, und da die $d_i(x)$ alle zu $\mathfrak{M}$ gehören, muß $d_i(x) = 0$ $(i = 1, \ldots, r)$ sein. $t(x)$ ist als normiertes Polynom durch die Eigenschaften 1. und 2. eindeutig bestimmt (vgl. die Bemerkungen von S. 15 über wechselseitige Teilbarkeit). Wir nennen $t(x)$ den und jedes von $t(x)$ nicht wesentlich verschiedene Polynom $t_1(x)$ einen größten gemeinschaftlichen Teiler (abgekürzt: gr. g. T.) von $a_1(x), \ldots, a_r(x)$.

Für zwei Polynome $a_1(x)$, $a_2(x)$ gibt es ein einfaches Verfahren zur Berechnung des gr. g. T. (sogenannter Euklidischer Algorithmus). Wir bilden, solange $a_{i+2}(x) \neq 0$, durch schrittweise Ausdivision die Kette: $a_1(x) = q_1(x) \cdot a_2(x) + a_3(x)$, $a_2(x) = q_2(x) \cdot a_3(x) + a_4(x), \ldots, a_i(x) = q_i(x) \cdot a_{i+1}(x) + a_{i+2}(x), \ldots$ $(|\,a_1(x)\,| \geqq |\,a_2(x)\,| > |\,a_3(x)\,| > \cdots > |\,a_i(x)\,| > \cdots)$. Wegen der Gradungleichungen gibt es ein r, derart daß $a_{r+1}(x) \neq 0$, $a_{r+2}(x) = 0$, also $a_r(x) = q_r(x) \cdot a_{r+1}(x)$. Durchläuft man die Gleichungskette vom 1-ten bis zum r-ten bzw. rückwärts vom r-ten bis zum 1-ten Glied, so sieht man, daß $a_{r+1}(x)$ die Eigenschaften 1. und 2. des gr. g. T. besitzt und somit ein (im Falle der Normiertheit sogar der) gr. g. T. von $a_1(x)$, $a_2(x)$ sein muß. — Die Berechnung eines gr. g. T. für r Polynome $a_1(x), \ldots, a_r(x)$ läßt sich leicht auf den Fall $r = 2$ zurückführen. Man hat sich nur zu überlegen: Ist $t_1(x)$ ein gr. g. T. von $a_1(x)$, $a_2(x)$ und $t(x)$ ein gr. g. T. von $t_1(x), a_3(x), \ldots, a_r(x)$, so ist $t(x)$ auch ein gr. g. T. von $a_1(x), \ldots, a_r(x)$. Das Hauptergebnis unserer Überlegungen fassen wir zusammen:

r von 0 verschiedene Polynome $a_1(x), \ldots, a_r(x)$ besitzen stets einen mit Hilfe des Euklidischen Algorithmus berechenbaren gr. g. T. $t(x)$, der durch die Eigenschaften 1. und 2. bis auf einen Normierungsfaktor eindeutig bestimmt ist. Für $t(x)$ gilt stets eine Gleichung $t(x) = b_1(x) \cdot a_1(x) + \cdots + b_r(x) \cdot a_r(x)$.

Zwei Polynome heißen „teilerfremd", wenn ihr gr. g. T. den Grad 0 besitzt, also bei geeigneter Normierung gleich 1 wird. Nach dem Hauptsatz über den gr. g. T. sind $p(x)$ und $q(x)$ dann und nur dann teilerfremd, wenn eine Gleichung $A(x) \cdot p(x) + B(x) \cdot q(x) = 1$ gilt. Aus dieser Bemerkung folgt sofort weiter:

Ist $q(x) \cdot r(x)$ teilbar durch $p(x)$, und sind $p(x)$ und $q(x)$ teilerfremd, so ist stets auch $r(x)$ durch $p(x)$ teilbar.

In der Tat, aus $q(x) \cdot r(x) = p(x) \cdot C(x)$, $1 = A(x) \cdot p(x) + B(x) \cdot q(x)$ ergibt sich: $r(x) = p(x) \cdot (A(x) \cdot r(x) + B(x) \cdot C(x))$.

Ebenso sieht man sofort:

Sind die Polynome $p(x)$ und $q(x)$ über dem Körper $\mathfrak{K}$ teilerfremd, so sind sie es erst recht über jedem Oberkörper $\mathfrak{L}$ von $\mathfrak{K}$.

Ist $\mathfrak{K}$ ein Körper, so $\mathfrak{K}[x]$ ein nullteilerfreier Ring und wir können den Quotientenkörper $\mathfrak{K}(x)$ von $\mathfrak{K}[x]$ bilden. $\mathfrak{K}(x)$ besteht aus allen Polynomquotienten $\frac{z(x)}{n(x)}$ $(n(x) \neq 0)$ und heißt der „Körper der rationalen Funktionen über $\mathfrak{K}$".

§ 4. Unzerlegbare Polynome

Ein Polynom $p(x)$ von positivem Grade aus $\mathfrak{P} = \mathfrak{K}[x]$ heißt (in $\mathfrak{P}$) „unzerlegbar", wenn es sich in $\mathfrak{P}$ nicht als Produkt von Faktoren niedrigeren Grades darstellen läßt, wenn es also in $\mathfrak{P}$ außer den Elementen von $\mathfrak{K}$ und den nicht wesentlich verschiedenen Polynomen keine weiteren Teiler besitzt. Zu den unzerlegbaren Polynomen gehören jedenfalls alle Polynome vom Grade 1 („lineare" Polynome). Ein durch das unzerlegbare Polynom $p(x)$ unteilbares Polynom $a(x)$ aus $\mathfrak{P}$ (z. B. jedes Polynom $a(x)$, dessen Grad kleiner ist als der von $p(x)$) ist stets zu $p(x)$ teilerfremd.

Zerlegungssatz. In $\mathfrak{P}$ kann jedes normierte Polynom $a(x)$ eindeutig als Produkt von endlich vielen normierten unzerlegbaren Polynomen dargestellt werden, $a(x) = p_1(x) \cdot p_2(x) \cdot \ldots \cdot p_s(x)$.

Die Existenz einer Zerlegung der gewünschten Art ist fast selbstverständlich. Sie folgt einfach aus der Tatsache, daß jedes nichtunzerlegbare normierte Polynom als Produkt von Faktoren niedrigeren Grades dargestellt werden kann, die nach einer früheren Bemerkung gleichfalls normiert angenommen werden dürfen, sowie aus der Bemerkung, daß bei keiner Zerlegung $a(x) = a_1(x) \cdot \ldots \cdot a_t(x)$ die Faktorenzahl t größer sein kann als der Grad von $a(x)$. — Es sei ferner $a(x) = p_1(x) \cdot \ldots \cdot p_s(x) = p'_1(x) \cdot \ldots \cdot p'_{s'}(x)$, wobei sowohl die $p_i(x)$ als auch die $p'_i(x)$ alle unzerlegbar und normiert sind. Sind dann etwa $p'_{K+1}(x), p'_{K+2}(x), \ldots p'_{s'}(x)$ durch $p_1(x)$ unteilbar, so sind diese Polynome zu $p_1(x)$ teilerfremd, und es muß infolgedessen, wie bereits festgestellt $p'_1(x) \cdot \ldots \cdot p'_K(x)$ durch $p_1(x)$ teilbar sein. Aus dieser Bemerkung folgt sofort, daß mindestens ein $p'_i(x)$, etwa $p'_1(x)$, durch $p_1(x)$ teilbar ist. Als unzerlegbares Polynom ist dann $p'_1(x)$ von $p_1(x)$ nicht wesentlich verschieden, und wegen der Normierungsvoraussetzung müssen $p_1(x)$ und $p'_1(x)$ sogar identisch sein.

Aus $p_1(x) \cdot ((p_2(x) \cdot \ldots \cdot p_s(x) - p'_2(x) \cdot \ldots \cdot p'_{s'}(x)) = 0$ folgt nun weiter $p_2(x) \cdot \ldots \cdot p_s(x) = p'_2(x) \cdot \ldots \cdot p'_{s'}(x)$, und aus dieser letzteren Gleichung schließt man wieder, daß bei geeigneter Numerierung $p_2(x) = p'_2(x)$ werden muß. So beweist man schrittweise die Eindeutigkeitsbehauptung des Zerlegungssatzes. — Läßt man im Zerlegungssatz die Normierungsvoraussetzung fallen, so ist die Eindeutigkeitsbehauptung folgendermaßen zu formulieren: Sind $a(x) = p_1(x) \cdot \ldots \cdot p_s(x) = p'_1(x) \cdot \ldots \cdot p'_{s'}(x)$ zwei Zerlegungen von $a(x)$ in unzerlegbare Faktoren, so ist $s = s'$, und es sind bei geeigneter Numerierung $p_i(x)$ und $p'_i(x)$ $(i = 1, \ldots s)$ jeweils nicht wesentlich verschieden.

Die Zerlegung eines bestimmten Polynoms in unzerlegbare Faktoren hängt wesentlich von dem zugrundegelegten Beiwertkörper ab. Es sei z. B. $\mathfrak{P}_0$ bzw. $\mathfrak{P}_r$ bzw. $\mathfrak{P}_k$ der Polynomring in x über dem Körper $\mathfrak{K}_0$ bzw. $\mathfrak{K}_r$ bzw. $\mathfrak{K}_k$ aller rationalen bzw. aller reellen bzw. aller komplexen Zahlen, $a(x)$ bedeute das allen drei Polynomringen angehörige Polynom $x^4 - x^2 - 2$. Dann zerfällt $a(x)$ in $\mathfrak{P}_0$ in die beiden unzerlegbaren Faktoren $x^2 - 2$ und $x^2 + 1$. In $\mathfrak{P}_r$ wird $x^2 - 2$ zerlegbar $x^2 - 2 = (x - \sqrt{2}) \cdot (x + \sqrt{2})$, während $x^2 + 1$ unzerlegbar bleibt man hat also $a(x) = (x - \sqrt{2}) \cdot (x + \sqrt{2}) \cdot (x^2 + 1)$. In $\mathfrak{P}_k$ schließlich wird auch $x^2 + 1$ zerlegbar, $x^2 + 1 = (x - i) \cdot (x + i)$, und es ergibt sich $a(x) = (x - \sqrt{2}) \cdot (x + \sqrt{2}) \cdot (x - i) \cdot (x + i)$. Bei weiterer Vergrößerung des Beiwertkörpers ändert sich an der Zerlegung von $a(x)$ nichts mehr. — Die Aufgabe, jedes beliebig vorgegebene Polynom rechnerisch in seine unzerlegbaren Faktoren aufzuspalten, ist nur bei besonderer Wahl des Beiwertkörpers allgemein lösbar. Zu dem wichtigsten Fall (Beiwertkörper $\mathfrak{K}_0$) vgl. § 12, sowie den Kleindruck von § 13.

Ist $p(x)$ in $\mathfrak{K}[x]$ unzerlegbar, und $q(x)$ nicht durch $p(x)$ teilbar, so ist $p(x)$ über $\mathfrak{K}$ und also nach § 3 auch über jedem Oberkörper $\mathfrak{L}$ von $\mathfrak{K}$ zu $q(x)$ teilerfremd. Daraus folgt der wichtige Satz:

Ist $p(x)$ unzerlegbar in $\mathfrak{K}[x]$ und bedeutet $q(x)$ ein beliebiges Polynom aus $\mathfrak{K}[x]$, das mit $p(x)$ über irgend einem Oberkörper

$\mathfrak{L}$ von $\mathfrak{K}$ einen Teiler $t(x)$ von positivem Grade gemeinsam hat, (z. B. einen Linearfaktor $x-\alpha$, α in $\mathfrak{L}$), so ist $q(x)$ durch $p(x)$ teilbar.

Die in § 3 und § 4 entwickelte Teilbarkeitstheorie läßt sich mühelos auf den Ring Z der ganzen rationalen Zahlen übertragen. Dabei tritt der gewöhnliche Absolutbetrag $|a|$ an Stelle des Polynomgrades $|a(x)|$, den Polynomen 0-ten Grades, also den Elementen aus, $\mathfrak{K}$ entsprechend die Zahlen $+1$, -1, und die ganzen positiven Zahlen übernehmen die Rolle der normierten Polynome. Daß die Gradgleichung $|a_1(x)\cdot a_2(x)| = |a_1(x)| + |a_2(x)|$ durch $|a_1 \cdot a_2| = |a_1| \cdot |a_2|$ ersetzt werden muß, bedeutet keinen wesentlichen Unterschied. Bei den gr. g. T.-Sätzen vom § 3 hat man nur „Polynome" durch „ganze Zahlen" zu ersetzen. Bei der Übertragung des Zerlegungssatzes von § 4 treten an Stelle der „unzerlegbaren Polynome" die „Primzahlen". Dabei ist eine Primzahl definiert als eine ganze Zahl $p(\neq 0, \neq \pm 1)$, die insofern teilerlos ist, als ihre einzigen Teiler die Einsteiler ± 1 und die nicht wesentlich verschiedenen Elemente $\pm p$ sind. Man beachte aber: Allein auf Grund der Teilerlosigkeit der Primzahlen kann die Eindeutigkeit der Primzahlzerlegung nicht bewiesen werden. Man braucht unbedingt das mit Hilfe des für Z gültigen Ausdivisionssatzes bewiesene Lemma: Ist $a \cdot b$, aber nicht b durch p teilbar, so ist stets a durch p teilbar. — Man muß daher bei allgemeineren Ringen scharf unterscheiden zwischen bloß teilerlosen Elementen und Primelementen p, für die das Lemma gilt.

§ 5. Polynome in endlich vielen Unbestimmten

Es sei $\mathfrak{R}$ ein nullteilerfreier und im übrigen beliebiger Ring. Bilden wir dann mit endlich vielen Unbestimmten $x_1, \ldots, x_n$ der Reihe nach die Ringe $\mathfrak{P}_1 = \mathfrak{R}[x_1]$, $\mathfrak{P}_2 = \mathfrak{P}_1[x_2]$, ..., $\mathfrak{P}_n = \mathfrak{P}_{n-1}[x_n]$, so erhalten wir als Endergebnis den Polynomring $\mathfrak{P}_n = \mathfrak{R}[x_1, \ldots, x_n]$ in n Unbestimmten über $\mathfrak{R}$. Die Elemente von $\mathfrak{P}_n$ werden als Polynome in n Unbestimmten über $\mathfrak{R}$ bezeichnet. Ein (von 0 verschiedenes) Polynom $p(x)$ aus $\mathfrak{R}[x_1, \ldots, x_n]$ ist eine endliche Summe der Gestalt

$$(1) \quad p(x) = p(x_1, \ldots, x_n) = \sum_{i=1}^{N} \alpha_i \cdot x_1^{r_{1i}} \cdot \ldots \cdot x_n^{r_{ni}}$$

wobei die Beiwerte α_i von 0 verschiedene Elemente aus $\mathfrak{R}$, die r_{ki} $(i = 1, \ldots, N;\ k = 1, \ldots, n)$ nicht negative Zahlen sind, und wobei noch vorausgesetzt werden darf und soll, daß für keine zwei verschiedenen Indizes i_1, i_2 durchweg $r_{ki_1} = r_{ki_2}$ wird. Wir sagen, das Potenzprodukt $x_1^{r_1} \cdot \ldots \cdot x_n^{r_n}$ „trete in $p(x)$ wirklich auf", wenn in (1) unter den Exponentensystemen $r_{1i}, \ldots, r_{ni}$ unter anderem auch das System $r_1, .., r_n$ vorkommt. Unter dem „konstanten Glied" von $p(x)$ verstehen wir dasjenige Element aus $\mathfrak{R}$, in das $p(x)$ durch die Substitution $x_1 = \ldots = x_n = 0$ übergeht. Ein **echtes** Polynom ist ein von Null verschiedenes nicht zu $\mathfrak{R}$ gehöriges Element aus $\mathfrak{R}[x_1, \ldots, x_n]$. Um für die „Glieder" $\alpha \cdot x_1^{r_1} \cdot \ldots \cdot x_n^{r_n}$ von $p(x)$ eine Reihenfolge festzulegen, führen wir unter den Potenzprodukten $x_1^{r_1} \cdot \ldots \cdot x_n^{r_n}$ eine Rangordnung ein. $x_1^{a_1} \cdot \ldots \cdot x_n^{a_n}$ heißt „**höher**" als $x_1^{b_1} \cdot \ldots \cdot x_n^{b_n}$, wenn die erste von 0 verschiedene unter den Differenzen $a_1 - b_1, \ldots, a_n - b_n$ positiv ist. Die in $p(x)$ wirklich auftretenden Glieder sollen dann so geordnet werden, daß die zugehörigen Potenzprodukte in abnehmender Höhe aufeinander folgen. Das bei dieser Anordnung an erster Stelle stehende Glied $\alpha \cdot x_1^{a_1} \cdot \ldots \cdot x_n^{a_n}$ heißt das „höchste Glied" von $p(x_1, \ldots, x_n)$, das Zahlsystem $a_1, \ldots, a_n$ möge als das „Exponentensystem" von $p(x_1, \ldots, x_n)$ bezeichnet werden. Als Verallgemeinerung des Gradsatzes von § 3 ergibt sich dann ohne Schwierigkeit:

Das höchste Glied eines Produktes ist gleich dem Produkt der höchsten Glieder der Faktoren. Ist $a_1, \ldots, a_n$ bzw. $b_1, \ldots, b_n$ das Exponentensystem von $p(x_1, \ldots, x_n)$ bzw. $q(x_1, \ldots, x_n)$, so ist $a_1 + b_1, \ldots, a_n + b_n$ das Exponentensystem von $p(x_1, \ldots, x_n) \cdot q(x_1, \ldots, x_n)$.

Zu einer etwas anderen Anordnung der Polynomglieder führt der Begriff der **Homogenität**. Ein Polynom $p(x_1, \ldots, x_n)$

heißt „homogenes Polynom“ oder „Form“ vom Grade g, wenn bei allen in $p(x)$ wirklich auftretenden Potenzprodukten $x_1^{r_{1i}} \cdot \ldots \cdot x_n^{r_{ni}}$ die Exponentensumme $r_{1i} + \ldots + r_{ni}$ denselben Wert g hat. Ein beliebiges Polynom $p(x) \neq 0$ besitzt offenbar immer eine eindeutig bestimmte Summenzerlegung

$$(2) \quad p(x) = \varphi_{g_1}(x) + \ldots + \varphi_{g_h}(x) \quad (0 \leqq g_1 < g_2 < \ldots < g_h),$$

die „Entwicklung nach Formen steigenden Grades“ bei der $\varphi_{g_i}(x)$ jeweils eine von 0 verschiedene Form des Grades g_i bedeutet. $\varphi_{g_1}(x)$ bzw. $\varphi_{g_h}(x)$ möge als „Anfangs-“ bzw. „Endform“, g_1 bzw. g_h als „Anfangs-“ bzw. „Endgrad“ von $p(x)$ bezeichnet werden. Man erhält dann mühelos die Sätze: $p(x)$ ist dann und nur dann homogen, wenn Anfangs- und Endgrad, Anfangs- und Endform zusammenfallen. Bei einem Produkt von Polynomen ist die Anfangs- bzw. Endform gleich dem Produkt der Anfangs- bzw. Endformen, der Anfangs- bzw. Endgrad gleich der Summe der Anfangs- bzw. Endgrade der einzelnen Faktoren. — Aus diesem Satz folgt noch insbesondere, daß nicht nur das Produkt zweier Formen stets eine Form ist, sondern daß auch jeder Faktor einer Form eine Form sein muß.

§ 6. Symmetrische Funktionen

Ein Polynom $p(x_1, \ldots x_n)$ heißt „symmetrische Funktion“ (in den Unbestimmten $x_1, \ldots x_n$), wenn es sich bei beliebiger Vertauschung der x_i nicht ändert. $p(x_1, \ldots x_n)$ ist offenbar dann und nur dann eine symmetrische Funktion, wenn $p(x_1, \ldots x_n)$ gleichzeitig mit einem Gliede $\alpha \cdot x_1^{a_1} \cdot \ldots \cdot x_n^{a_n}$ stets auch alle die Glieder $\alpha \cdot x_1^{a_{\nu_1}} \cdot \ldots \cdot x_n^{a_{\nu_n}}$ enthält, die aus $\alpha \cdot x_1^{a_1} \cdot \ldots \cdot x_n^{a_n}$ durch beliebige Vertauschung der Exponenten $a_1, \ldots a_n$ entstehen.

Es sei z. B. $n = 4$, $\alpha \cdot x_1^{a_1} \cdot x_2^{a_2} \cdot x_3^{a_3} \cdot x_4^{a_4} = 2 \cdot x_1^2 \cdot x_2^3 \cdot x_3^0 \cdot x_4^0 = 2 \cdot x_1^2 \cdot x_2^3$. Dann entstehen aus $2 \cdot x_1^2 \cdot x_2^3$ durch Exponentenvertauschung die Glieder $2 \cdot x_1^2 \cdot x_3^3$, $2 \cdot x_1^2 \cdot x_4^3$, $2 \cdot x_1^3 \cdot x_2^2$, $2 \cdot x_1^3 \cdot x_3^2$, $2 \cdot x_1^3 \cdot x_4^2$, $2 \cdot x_2^3 \cdot x_3^2$, $2 \cdot x_2^3 \cdot x_4^2$, $2 \cdot x_2^2 \cdot x_3^3$, $2 \cdot x_2^2 \cdot x_4^3$, $2 \cdot x_3^3 \cdot x_4^2$, $2 \cdot x_3^2 \cdot x_4^3$. Ein symmetrisches Polynom $p(x_1, x_2, x_3, x_4)$, das das Glied $2 \cdot x_1^2 \cdot x_2^3$ enthält, enthält daher stets das (nach den Grundsätzen von § 5 geordnete) Aggregat:

$$2(x_1^3 \cdot x_2^2 + x_1^3 \cdot x_3^2 + x_1^3 \cdot x_4^2 + x_1^2 \cdot x_2^3 + x_1^2 \cdot x_3^3 + x_1^2 \cdot x_4^3 + x_2^3 \cdot x_3^2 \\ + x_2^3 \cdot x_4^2 + x_2^2 \cdot x_3^3 + x_2^2 \cdot x_4^3 + x_3^3 \cdot x_4^2 + x_3^2 \cdot x_4^3).$$

Unter den symmetrischen Funktionen gibt es zwei ausgezeichnete Klassen allereinfachsten Baues:

a) Die Potenzsummen

$$(1) \qquad S_m = x_1^m + x_2^m + \cdots + x_n^m \quad (m = 1,\ 2, \ldots).$$

b) Die „Grundfunktionen“, die dadurch ausgezeichnet sind, daß in keinem Glied eine Unbestimmte in höherer als erster Potenz auftritt, und daß alle Beiwerte gleich 1 sind. Abgesehen von der „nullten“ Grundfunktion $A_0 = 1$ gibt es genau n symmetrische Grundfunktionen in $x_1, \ldots x_n$, nämlich:

$$(2) \begin{cases} A_1 = x_1 + x_2 + \cdots + x_n; A_2 = x_1 \cdot x_2 + x_1 \cdot x_3 + \cdots + x_{n-1} \cdot x_n; \\ A_3 = x_1 \cdot x_2 \cdot x_3 + x_1 \cdot x_2 \cdot x_4 + \cdots + x_{n-2} \cdot x_{n-1} \cdot x_n; \ldots; \\ A_{n-1} = x_1 \cdot x_2 \cdot \ldots \cdot x_{n-1} + \cdots + x_2 \cdot x_3 \cdot \ldots \cdot x_n; \\ A_n = x_1 \cdot x_2 \cdot \ldots \cdot x_n. \end{cases}$$

Die Grundfunktion A_i, die alle aus $x_1 \cdot x_2 \cdot \ldots \cdot x_i$ durch Indizesvertauschung entstehenden Potenzprodukte enthält, besitzt nach einem Satze der Kombinatorik im ganzen $\binom{n}{i} = \frac{n(n-1) \cdot \ldots \cdot (n-i+1)}{1 \cdot 2 \cdot \ldots \cdot i}$ Glieder. Für unsere späteren Betrachtungen sind die Grundfunktionen weit wichtiger als die Potenzsummen. Von allergrößter Bedeutung ist für uns der

Hauptsatz der symmetrischen Funktionen. Es sei $s(x_1, \ldots x_n)$ eine symmetrische Funktion in $x_1, \ldots x_n$ mit Beiwerten aus einem beliebigen Ringe $\mathfrak{R}$. Dann läßt sich s stets eindeutig als Polynom in den symmetrischen Grundfunktionen $A_1, \ldots A_n$ mit Beiwerten aus $\mathfrak{R}$ darstellen, $s(x_1, \ldots x_n) = p(A_1, \ldots A_n)$.

Der Beweis stützt sich auf drei einfache Hilfsbemerkungen:

a) Ist $\alpha \cdot x_1^{a_1} \cdot \ldots \cdot x_n^{a_n}$ das höchste Glied der symmetrischen Funktion $s(x_1, \ldots x_n)$, so ist $a_1 \geqq a_2 \geqq \cdots \geqq a_n$. Wäre nämlich etwa $a_2 > a_1$, so enthielte $s(x_1, \ldots x_n)$ neben $\alpha \cdot x_1^{a_1} \cdot x_2^{a_2} \cdot \ldots \cdot x_n^{a_n}$ das höhere Glied $\alpha \cdot x_1^{a_2} \cdot x_2^{a_1} \cdot \ldots \cdot x_n^{a_n}$.

b) Sind $a_1, a_2, \ldots a_n$ irgendwelche nichtnegative ganze Zahlen, für die die Ungleichungen $a_1 \geqq a_2 \geqq \cdots \geqq a_n$ gelten, so wird stets $A_1^{a_1 - a_2} \cdot A_2^{a_2 - a_3} \cdot \ldots \cdot A_{n-1}^{a_{n-1} - a_n} \cdot A_n^{a_n}$ eine symmetrische Funktion mit dem höchsten Glied $x_1^{a_1} \cdot x_2^{a_2} \cdot \ldots \cdot x_n^{a_n}$.

c) Eine Folge von Potenzprodukten abnehmender Höhe kann niemals unendlich viele verschiedene Glieder besitzen.

Es sei nun $\alpha_1 \cdot x_1^{a_{11}} \cdot \ldots \cdot x_n^{a_{1n}}$ das höchste Glied von $s(x_1, \ldots x_n)$; dann hat nach b) auch $\alpha_1 \cdot A_1^{a_{11} - a_{12}} \cdot \ldots \cdot A_n^{a_{1n}}$ das höchste Glied $\alpha_1 \cdot x_1^{a_{11}} \cdot \ldots \cdot x_n^{a_{1n}}$, und es muß infolgedessen $\alpha_1 \cdot x_1^{a_{11}} \cdot \ldots \cdot x_n^{a_{1n}}$ höher sein als das höchste Glied $\alpha_2 \cdot x_1^{a_{21}} \cdot \ldots \cdot x_n^{a_{2n}}$ von $s(x_1, \ldots x_n) - \alpha_1 \cdot A_1^{a_{11} - a_{12}} \cdot \ldots \cdot A_n^{a_{1n}}$. Ebenso ergibt sich, daß $\alpha_2 \cdot x_1^{a_{21}} \cdot \ldots \cdot x_n^{a_{2n}}$ höher ist als das höchste Glied $\alpha_3 \cdot x_1^{a_{31}} \cdot \ldots \cdot x_n^{a_{3n}}$ von $s(x_1, \ldots x_n) - \alpha_1 \cdot A_1^{a_{11} - a_{12}} \cdot \ldots \cdot A_n^{a_{1n}} - \alpha_2 \cdot A_1^{a_{21} - a_{22}} \cdot \ldots \cdot A_n^{a_{2n}}$. In gleicher Weise kann man dann zu $s(x_1, \ldots x_n) - \alpha_1 \cdot A_1^{a_{11} - a_{12}} \cdot \ldots \cdot A_n^{a_{1n}} - \alpha_2 \cdot A_1^{a_{21} - a_{22}} \cdot \ldots \cdot A_n^{a_{2n}} - \alpha_3 \cdot A_1^{a_{31} - a_{32}} \cdot \ldots \cdot A_n^{a_{3n}}$ weiterschreiten usw. Nach c) muß das Verfahren nach endlich vielen Schritten abbrechen, und das ist nur dadurch möglich, daß man schließlich auf eine Gleichung $s(x_1, \ldots x_n) - \alpha_1 \cdot A_1^{a_{11} - a_{12}} \cdot \ldots \cdot A_n^{a_{1n}} - \cdots - \alpha_m \cdot A_1^{a_{m1} - a_{m2}} \cdot \ldots \cdot A_n^{a_{mn}} = 0$

stößt. Das heißt aber, es gibt stets eine Darstellung $s(x_1, \ldots x_n) = p(A_1, \ldots A_n)$. — Ist ferner $s(x_1, \ldots x_n) = p(A_1, \ldots A_n) = q(A_1, \ldots A_n)$, ist also $p(A_1, \ldots A_n) - q(A_1, \ldots A_n) = r(A_1, \ldots A_n) = R(x_1, \ldots x_n)$ identisch gleich Null in den Unbestimmten $x_1, \ldots x_n$, so muß $r(A_1, \ldots A_n)$ auch in den unbestimmt gedachten Größen $A_1, \ldots A_n$ identisch gleich Null sein, weil, wie aus Hilfsbemerkung b) zu ersehen, zwei verschiedene Potenzprodukte $A_1^{i_1} \cdot \ldots \cdot A_n^{i_n}$ und $A_1^{k_1} \cdot \ldots \cdot A_n^{k_n}$ stets als Polynome in $x_1, \ldots x_n$ verschiedene höchste Glieder besitzen. Die Darstellung $s(x_1, \ldots x_n) = p(A_1, \ldots A_n)$ ist also eindeutig bestimmt.

Handelt es sich darum, spezielle symmetrische Funktionen $s(x_1, \ldots x_n)$ mit möglichst wenigen Rechenoperationen auf die Form $p(A_1, \ldots A_n)$ zu bringen, so ist es meistens zweckmäßig, statt mit der allgemeinen, beim Beweis des Hauptsatzes benutzten Methode mit einigen einfachen Kunstgriffen zu arbeiten, die nunmehr kurz beschrieben werden sollen. Zunächst werden bei Anwendungen fast immer „homogene" symmetrische Funktionen betrachtet; dabei heißt $s(x_1, \ldots x_n)$ „homogen vom Grade g", wenn bei allen in $s(x_1, \ldots x_n)$ wirklich auftretenden Potenzprodukten $x_1^{a_1} \cdot \ldots \cdot x_n^{a_n}$ die Exponentensumme $a_1 + \cdots + a_n$ gleich g ist. — Die Grundfunktion A_i ist homogen vom Grade i, und ein Potenzprodukt $A_1^{b_1} \cdot A_2^{b_2} \cdot \ldots \cdot A_n^{b_n}$ ist infolgedessen homogen vom Grade $b_1 + 2b_2 + \cdots + nb_n$. Aus dieser Bemerkung ergibt sich sofort:

Ist $s(x_1, \ldots x_n) = p(A_1, \ldots A_n)$ eine homogene symmetrische Funktion vom Grade g, so gilt für die Exponenten jedes in $p(A_1, \ldots A_n)$ wirklich auftretenden Potenzproduktes $A_1^{b_1} \cdot \ldots \cdot A_n^{b_n}$ die Gleichung $g = b_1 + 2b_2 + \cdots + nb_n$.

Aus der Tatsache, daß $A_1^{b_1} \cdot \ldots \cdot A_n^{b_n}$ offenbar das Exponentensystem $b_1 + b_2 + \cdots + b_n, b_2 + b_3 + \cdots + b_n, b_3 + b_4 + \cdots + b_n, \ldots, b_n$ besitzt, folgt weiter:

Ist $a_1, a_2, \ldots, a_n$ das Exponentensystem von $s(x_1, \ldots x_n) = p(A_1, \ldots A_n)$, und bedeutet $A_1^{b_1} \cdot \ldots \cdot A_n^{b_n}$ ein in $p(A_1, \ldots A_n)$ wirklich auftretendes Potenzprodukt, so ist die erste nicht verschwindende unter den Differenzen $a_1 - (b_1 + b_2 + \cdots + b_n)$, $a_2 - (b_2 + \cdots + b_n), \ldots, a_n - b_n$ stets positiv. Denn es kann ja das höchste Glied von $A_1^{b_1} \cdot \ldots \cdot A_n^{b_n}$ nicht höher sein als das von $s(x_1, \ldots, x_n)$.

Die übrigen Kunstgriffe erläutern wir am besten an einem einfachen, für eine spätere Anwendung wichtigen Beispiel. Es sei $n = 4$, und es werde $y_1 = (x_1 + x_2 - x_3 - x_4)^2$, $y_2 = (x_1 + x_3 - x_2 - x_4)^2$, $y_3 = (x_1 + x_4 - x_2 - x_3)^2$ gesetzt. Alle symmetrischen Funktionen in y_1, y_2, y_3 sind ersichtlich auch symmetrische Funktionen in x_1, x_2, x_3, x_4; insbesondere gilt das für die Grundfunktionen der y_i, also für $B_1 = y_1 + y_2 + y_3$, $B_2 = y_1 y_2 + y_1 y_3 + y_2 y_3$, $B_3 = y_1 \cdot y_2 \cdot y_3$. — Es sollen nun B_1, B_2, B_3 durch $A_1 = x_1 + \cdots + x_4$, $\ldots$, $A_4 = x_1 \cdot x_2 \cdot x_3 \cdot x_4$ ausgedrückt werden, wobei der Einfachheit halber nur die Beiwerte derjenigen Potenzprodukte bestimmt werden sollen, die den Faktor A_1 nicht enthalten.

B_1 ist homogen vom Grade 2, und es muß daher nach unserem Satz über homogene Funktionen eine Gleichung $B_1 = \xi \cdot A_1^2 + \eta \cdot A_2$ gelten. Zur Bestimmung von η setzen wir für x_1, x_2, x_3, x_4 solche Zahlwerte $\alpha_1, \alpha_2, \alpha_3, \alpha_4$ ein, daß $A_1(\alpha_1, \alpha_2, \alpha_3, \alpha_4) = \alpha_1 + \alpha_2 + \alpha_3 + \alpha_4 = 0$ wird. $x_1 = x_2 = 0, x_3 = +1, x_4 = -1$ liefert $y_1 = 0, y_2 = y_3 = 4$, $B_1 = 8$, $A_2 = -1$, $\eta = -8$.

B_2 ist homogen vom Grade 4, und es muß daher $B_2 = A_1 \cdot (\ldots) + \eta \cdot A_2^2 + \zeta \cdot A_4$ werden. Zur Bestimmung von η und ζ setzen wir: a) $x_1 = 1$, $x_2 = -1$, $x_3 = i$, $x_4 = -i$; b) $x_1 = 1$, $x_2 = -1$, $x_3 = x_4 = 0$. Es ergibt sich: a) $y_1 = 0$, $y_2 = 4(1 + i)^2$, $y_3 = 4(1 - i)^2$; $B_2 = y_2 \cdot y_3 = 64$; $A_1 = A_2 = 0$, $A_4 = -1$, $\zeta = -64$. b) $y_1 = 0$, $y_2 = y_3 = 4$; $B_2 = 16$; $A_1 = A_4 = 0$, $A_2 = -1$, $\eta = 16$. — Für B_3 ergibt sich in entsprechender Weise $B_3 = A_1 \cdot (\ldots) + \eta \cdot A_2^3 + \zeta \cdot A_2 A_4 + \vartheta \cdot A_3^2$, und man findet durch die Einsetzungen: a) $x_1 = 1$, $x_2 = -1$, $x_2 = x_4 = 0$; b) $x_1 = 1, x_2 = -1, x_3 = 1, x_4 = -1$; c) $x_1 = 1, x_2 = \frac{-1 + i\sqrt{3}}{2}$, $x_3 = \frac{-1 - i\sqrt{3}}{2}$, $x_4 = 0$ der Reihe nach $\eta = 0$, $\zeta = 0$, $\vartheta = 64$. (Die Nachrechnung kann dem Leser überlassen werden.)

Wie man sieht, hat man nach der Feststellung aller in der gesuchten Darstellung möglicherweise auftretenden Potenzprodukte $A_1^{a_1} \cdot \ldots \cdot A_n^{a_n}$ zur Ermittlung der Beiwerte für die x_i geeignete Einsetzungen aufzusuchen. Dabei ist es empfehlenswert, die Einsetzungen so zu wählen, daß jedesmal möglichst viele A_i gleich Null werden. Im übrigen werden wir die Methode in § 9 an einem ziemlich schwierigen Beispiel nochmals ausführlich erläutern.

§ 7. Restklassen, insbesondere nach Polynomen

Es sei $\mathfrak{R}$ ein beliebiger Ring, m ein Element aus $\mathfrak{R}$. Die Elemente a und b aus $\mathfrak{R}$ heißen „modulo m kongruent" und wir schreiben $a \equiv b(m)$, wenn die Differenz $a - b$ durch m teilbar ist. Unter der „Restklasse" $\bar{a}$ (nach m) verstehen wir die Menge aller der Elemente, die zu dem Element a modulo m kongruent sind. Eine Restklasse ist durch die Angabe eines beliebigen „Repräsentanten" (d. h. eines beliebigen in ihr enthaltenen Elementes) eindeutig bestimmt.

Ist $a \equiv b(m)$, $a' \equiv b'(m)$, so gilt, wie leicht zu sehen:

$$a \pm a' \equiv b \pm b'(m) \tag{1}$$

$$a \cdot a' \equiv b \cdot b'(m). \tag{2}$$

Auf Grund der Formeln (1) und (2) kann man eindeutig definieren: Unter der Summe (der Differenz, dem Produkt) der Restklassen $\bar{a}$ und $\bar{b}$ soll die eindeutig bestimmte Restklasse verstanden werden, die man erhält, wenn man zwei beliebige Repräsentanten a und b von $\bar{a}$ und $\bar{b}$ addiert (subtrahiert, multipliziert) und die durch das entstehende Element repräsentierte Restklasse bildet. In Formeln

$$\bar{a} \pm \bar{b} = \overline{a \pm b} \tag{3}$$

$$\bar{a} \cdot \bar{b} = \overline{a \cdot b}. \tag{4}$$

In dem System $\overline{\mathfrak{R}}$ der Restklassen nach m können auf Grund unserer Festsetzungen Addition, Subtraktion und Multiplikation unbeschränkt ausgeführt werden, auch enthält $\overline{\mathfrak{R}}$ die für jedes $\bar{a}$ den Gleichungen $\bar{a} + \bar{0} = \bar{a}$ und $\bar{a} \cdot \bar{1} = \bar{a}$ genügenden Restklassen $\bar{0}$ und $\bar{1}$. Das System $\overline{\mathfrak{R}}$ bildet also einen Ring, den „Restklassenring modulo m". Allein die Bedingung, daß ein Produkt nur dann gleich Null (d. h. gleich der Klasse $\bar{0}$) werden kann, wenn mindestens ein Faktor gleich Null ist, braucht nicht immer erfüllt zu sein.

Betrachten wir z. B. den für uns weitaus wichtigsten Spezialfall, daß $\mathfrak{R} = \mathfrak{K}[x]$ der Polynomring einer Variabeln x über einem Körper $\mathfrak{K}$ ist, und wählen wir für m ein Polynom $m(x)$, das als Produkt zweier Polynome $a(x)$ und $b(x)$ von niedrigerem Grad als $m(x)$ darstellbar ist, $m(x) = a(x) \cdot b(x)$, so ist $\overline{a(x)} \neq 0$, $\overline{b(x)} \neq 0$, während $\overline{a(x)} \cdot \overline{b(x)} = \overline{a(x) \cdot b(x)} = \overline{m(x)} = \overline{0}$ wird.

Ist aber $m(x)$ unzerlegbar, so bedeutet $\overline{a(x)} \neq \overline{0}$, $\overline{b(x)} \neq \overline{0}$ die Teilerfremdheit von $a(x)$ und $b(x)$ zu $m(x)$ und nach § 3 muß dann stets auch $a(x) \cdot b(x)$ zu $m(x)$ teilerfremd und mithin $\overline{a(x)} \cdot \overline{b(x)} = \overline{a(x) \cdot b(x)} \neq \overline{0}$ sein. — Über diese wichtige Bemerkung hinaus beweisen wir den

Hauptsatz: Ist $m(x) = p(x)$ ein unzerlegbares Polynom, so ist der zu $p(x)$ gehörige Restklassenring $\overline{\mathfrak{R}} \equiv \overline{\mathfrak{K}}$ ein Körper.

Zum Beweise ist nur zu zeigen, daß es zu jeder Restklasse $\overline{a(x)} \neq 0$ eine reziproke Restklasse $\overline{a(x)}^{-1}$ gibt, für die $\overline{a(x)} \cdot \overline{a(x)}^{-1} = 1$ wird. — Nach § 3 ist das durch $p(x)$ unteilbare Polynom $a(x)$ zu $p(x)$ teilerfremd, und es gilt eine Gleichung $B(x) \cdot p(x) + C(x) \cdot a(x) = 1$. Übergang zu den Restklassen nach $p(x)$ ergibt sofort $\overline{1} = \overline{0} + \overline{C(x)} \cdot \overline{a(x)}$, $\overline{C(x)} = \overline{a(x)}^{-1}$.

In keiner Restklasse nach $p(x)$ treten zwei verschiedene Elemente aus $\mathfrak{K}$ auf. Unter diesen Umständen kann aber jede Restklasse $\overline{\alpha}$, die ein Element α aus $\mathfrak{K}$ enthält, geradezu mit diesem Element identifiziert werden, d. h. man kann in jeder Formel, in der $\overline{\alpha}$ auftritt, einfach den Querstrich weglassen. $\overline{\mathfrak{K}}$ erscheint dann als ein Oberkörper von $\mathfrak{K}$. Die Bedeutung dieser Auffassung wird erst an späterer Stelle (§ 25) zu würdigen sein.

§ 8. Restklassen nach ganzen Zahlen, Körper von Primzahlcharakteristik

Bilden wir zum Ringe $\mathfrak{R}_0$ der ganzen Zahlen den Restklassenring $\overline{\mathfrak{R}_0} = \overline{\mathfrak{K}_p}$ nach irgendeiner Primzahl p, so erweist sich $\overline{\mathfrak{K}_p}$ ebenso wie in § 7 der Ring $\overline{\mathfrak{K}}$ als Körper. Ist nämlich a eine beliebige durch p unteilbare Zahl, so ist nach dem „kleinen Fermatschen Lehrsatz"[1]) $a^{p-1} \equiv 1(p)$ und somit $\overline{a} \cdot \overline{a^{p-2}} = \overline{1}$ in $\overline{\mathfrak{K}_p}$. Natürlich kann man zu $\overline{\mathfrak{K}_p}$ genau so den Polynomring $\overline{\mathfrak{K}_p}[x]$ bilden, wie zu irgendeinem anderen Körper $\mathfrak{K}$, und es gelten dann die Sätze von § 3, 4, 7 ohne jede Änderung des Wortlautes. Dagegen unterscheidet sich $\overline{\mathfrak{K}_p}$ in einem anderen wichtigen Punkte von den Körpern, auf deren Betrachtung wir uns nach § 1 im allgemeinen beschränken wollen: $\overline{\mathfrak{K}_p}$ enthält weder von vornherein die Zahl 1, noch ist es möglich, nachträglich das multiplikative Einheitselement $\overline{1}$ von $\overline{\mathfrak{K}_p}$ mit 1 zu identifizieren. Während nämlich die „natürlichen Vielfachen" der Zahl 1, also die Zahlen $2 = 1 + 1$, $3 = 1 + 1 + 1$, usw. alle untereinander und von Null verschieden sind, genügen in $\overline{\mathfrak{K}_p}$ zwar die Elemente $\overline{1} = 1 \times \overline{1}$, $\overline{1} + \overline{1} = 2 \times \overline{1} = \overline{2}, \ldots$, $(p-1) \times \overline{1} = \overline{p-1}$ dieser Bedingung, aber es wird $p \times \overline{1} = \overline{p} = \overline{0}$, $(p+1) \times \overline{1} = \overline{p+1} = \overline{1}, \ldots$ usw. Die Beobachtung, daß es Körper gibt, bei denen unter den natürlichen Vielfachen des multiplikativen Einselementes $\overline{1}$ das Nullelement $\overline{0}$ auftritt, führt nun zu einer wichtigen Einteilung. Wir unterscheiden: a) Körper, bei denen die natürlichen Vielfachen von $\overline{1}$, also $\overline{1}, \overline{1} + \overline{1}, \overline{1} + \overline{1} + \overline{1}, \ldots$ usw. alle verschieden sind, bei denen also aus $n \times a = n \times (\overline{1} \cdot a) = (n \times \overline{1}) \cdot a = \overline{0}$ stets folgt $a = \overline{0}$. Von solchen Körpern sagt man, sie haben die Charakteristik 0. Bei ihnen ist es, wie leicht zu sehen, immer möglich, $\overline{1}$ mit der Zahl 1 zu identifizieren, und man kann dementsprechend auch sagen: Die Körper der Charakteristik 0 sind diejenigen Körper, die sich als Oberkörper des Körpers $\mathfrak{K}_0$ der rationalen Zahlen auffassen lassen. b) Körper, bei denen die natürlichen Vielfachen von $\overline{1}$ nicht alle verschieden sind. Bei einem derartigen Körper $\mathfrak{K}$ muß, wie ganz leicht zu zeigen, stets für eine gewisse Primzahl p das natürliche Vielfache $p \times \overline{1}$ gleich $\overline{0}$ werden, während $\overline{1}, 2 \times \overline{1}, \ldots, (p-1) \times \overline{1}$ alle untereinander und von $\overline{0}$

[1]) A. Scholz, Einführung in die Zahlentheorie, Göschen 1131, § 17.

verschieden sind. Man schreibt dann $\mathfrak{K}$ die Charakteristik p zu. Im folgenden beschränken wir uns, soweit nichts anderes ausdrücklich bemerkt wird, stillschweigend auf Körper der Charakteristik 0.

Abschnitt II. Nullstellen und Zerlegung von Polynomen

§ 9. Nullstellen. Algebraisch abgeschlossene Körper

Es sei $\mathfrak{P}$ der Polynomring in einer Unbestimmten x über einem beliebigen Beiwertkörper $\mathfrak{K}$. Wo nichts anderes ausdrücklich bemerkt wird, sind alle auftretenden Polynome als normiert anzusehen. α aus $\mathfrak{K}$ heißt „Nullstelle" oder „Wurzel" des Polynoms $p(x) = x^n + a_1 x^{n-1} + \cdots + a_n$, wenn $x = \alpha$ eine Lösung der Gleichung $p(x) = 0$ ist, wenn also $p(\alpha) = \alpha^n + a_1\alpha^{n-1} + \cdots + a_n = 0$ wird. — Ist α beliebig aus $\mathfrak{K}$, so gilt nach dem Ausdivisionssatz von § 3 eine Gleichung $p(x) = (x - \alpha) \cdot q(x) + r$, wobei der Rest r zu $\mathfrak{K}$ gehört. Man erhält nun sofort $p(\alpha) = r$, und daraus folgt insbesondere:

α ist dann und nur dann eine Nullstelle von $p(x)$, wenn $p(x)$ durch $x - \alpha$ teilbar ist.

Die Berechnung des Restes r bei gegebenem $p(x)$ und gegebenem $x - \alpha$ wird durch die folgende Überlegung sehr vereinfacht:

Angenommen, es sei bereits gefunden:

$$p(x) = a_0 x^n + a_1 x^{n-1} + \cdots + a_n = (x - \alpha) \cdot q_{n-m}(x) + b_{n-m} x^m + b_{n-m+1} x^{m-1} + \cdots + b_n.$$

$(m < n;\ q_{n-m}(x) = c_1 x^{n-1} + c_2 x^{n-2} + \cdots + c_{n-m} x^m)$. Dann ist $b_i = a_i$ $(i = n - m + 1,\ n - m + 2, \ldots n)$, und man erhält beim nächsten Schritt:

$$p(x) = (x - \alpha) \cdot (q_{n-m}(x) + b_{n-m} x^{m-1}) + (a_{n-m+1} + b_{n-m}\alpha) \cdot x^{m-1} + a_{n-m+2} x^{m-2} + \cdots + a_n.$$

Daraus folgt aber: Man bilde zu der Beiwertfolge $a_0, a_1, \ldots a_n$ von $p(x)$ die durch die Festsetzung $b_0 = a_0$, $b_i = a_i + b_{i-1}\alpha$

$(i = 1, 2, \ldots)$ schrittweise definierte Zahlenfolge $b_0, b_1, \ldots b_n$. Dann wird $b_n = p(\alpha) = r$ der gesuchte Rest. Am einfachsten benützt man zur Bestimmung der b_i die folgende Anschreibweise („Hornersches Schema"):

$$\alpha \left| \begin{array}{l} a_0\, a_1\, a_2 \ldots a_n \\ \hline b_0\, b_1\, b_2 \ldots (b_n \end{array} \right.$$

(Die obere Zeile wird sofort hingeschrieben, die untere gliedweise von links nach rechts berechnet.) Beispiel:

$$+2 \left| \begin{array}{cccccc} 3 & 0 & -2 & 5 & 0 & -1 \\ \hline 3 & +6 & +10 & +25 & +50 & (+99 \end{array} \right.$$

d. h. $p(2) = 99$ für $p(x) = 3x^5 - 2x^3 + 5x^2 - 1$.

Der Nullstelle α von $p(x)$ wird die „Vielfachheit" i zugeschrieben, wenn das Polynom $p(x)$ den Linearfaktor $x - \alpha$ genau in der i-ten Potenz enthält: $p(x) = (x - \alpha)^i \cdot q(x)$ $q(\alpha) \neq 0$. Aus dem Zerlegungssatz von § 4 folgt sofort:

Zählt man jede Nullstelle so oft, wie ihre Vielfachheit angibt, so ist die Anzahl der Nullstellen, die ein beliebiges Polynom $p(x)$ über $\mathfrak{K}$ besitzt, stets gleich der Anzahl der Linearfaktoren (Faktoren ersten Grades), die bei der Zerlegung von $p(x)$ in über $\mathfrak{K}$ unzerlegbare Faktoren auftreten. *Die Nullstellenzahl von $p(x)$ ist nie größer als der Grad n von $p(x)$. Sie ist (bei Berücksichtigung der Vielfachheiten) dann und nur dann genau gleich n, wenn alle unzerlegbaren Faktoren von $p(x)$ linear sind.*

$p(x) = x^n - a_1 x^{n-1} + a_2 x^{n-2} - a_3 x^{n-3} + \cdots + (-1)^n a_n$ sei jetzt irgendein Polynom mit Beiwerten aus einem beliebigen Körper $\mathfrak{K}$, das über einem geeigneten Oberkörper $\mathfrak{L}$ von $\mathfrak{K}$ in Linearfaktoren zerfällt: $p(x) = (x - \alpha_1) \cdot (x - \alpha_2) \cdot \ldots \cdot (x - \alpha_n)$. Unter $A_i(x_1, \ldots, x_n)$ $(i = 1, \ldots, n)$ sollen wie in § 6 die symmetrischen Grundfunktionen in n Unbestimmten verstanden werden. Dann überzeugt man sich mühelos, daß bei unserer Festlegung der Vorzeichen der Beiwerte von $p(x)$ die folgenden Gleichungen gelten:

$$(1) \qquad a_i = A_i(\alpha_1, \ldots, \alpha_n) \; (i = 1, \ldots, n).$$

Aus (1) folgt sofort der für die algebraische Gleichungstheorie grundlegende Satz:

Es sei $s(x_1, \ldots, x_n)$ eine symmetrische Funktion über dem Beiwertkörper $\mathfrak{K}$ von $p(x)$. Dann ist $s(\alpha_1, \ldots, \alpha_n)$ immer ein Element von $\mathfrak{K}$, auch wenn die Wurzeln $\alpha_1, \ldots, \alpha_n$ von $p(x)$ nicht alle zu $\mathfrak{K}$ gehören.

In der Tat, nach dem Hauptsatz vom § 6 gilt eine Gleichung $s(x_1, \ldots, x_n) = q\,(A_1(x_1, \ldots, x_n), \ldots, \; A_n(x_1, \ldots, x_n))$ und nach (1) wird infolgedessen $s(\alpha_1, \ldots, \alpha_n) = q(a_1, \ldots, a_n)$.

Der Körper $\mathfrak{K}$ heißt „algebraisch abgeschlossen", wenn alle Polynome $p(x)$ mit Beiwerten aus $\mathfrak{K}$ über $\mathfrak{K}$ in Linearfaktoren zerfallen, wenn also jedes Polynom $p(x)$ mit Beiwerten aus $\mathfrak{K}$ bei Berücksichtigung der Vielfachheiten in $\mathfrak{K}$ genau so viel Nullstellen besitzt, wie sein Grad angibt.

Weder der Körper $\mathfrak{K}_0$ aller rationalen noch der Körper $\mathfrak{K}_r$ aller reellen Zahlen ist algebraisch abgeschlossen, denn es besitzt z. B. das Polynom $x^2 + 1$ weder in $\mathfrak{K}_0$ noch in $\mathfrak{K}_r$ einen Linearfaktor. Dagegen besagt der zuerst von Gauß bewiesene „Fundamentalsatz der Algebra": *Der Körper $\mathfrak{K}_k$ aller reellen und komplexen Zahlen ist algebraisch abgeschlossen.* Ein Beweis des Gaußschen Fundamentalsatzes wird in § 40 in größerem Zusammenhang erbracht werden. Für die moderne Algebra, die vielfach mit Körpern zu arbeiten gezwungen ist, die weder Unterkörper von $\mathfrak{K}_r$ noch $\mathfrak{K}_k$ sind, ist der Gaußsche Fundamentalsatz weniger wichtig als ein allgemeines Theorem, das wir in § 25 kennenlernen werden, und nach dem auf rein algebraischem Weg zu jedem beliebigen Körper $\mathfrak{K}$ und jedem fest vorgegebenen Polynom $p(x)$ mit Beiwerten aus $\mathfrak{K}$ ein Oberkörper $\mathfrak{L}$ so konstruiert werden kann, daß $p(x)$ über $\mathfrak{L}$ in Linearfaktoren zerfällt.

§ 10. Ableitung und mehrfache Nullstellen Die Diskriminante

Es sei $\mathfrak{P}$ der Polynomring in x über irgendeinem Beiwertkörper $\mathfrak{K}$. Unter der Ableitung $p'(x)$ von $p(x) = a_0 x^n$

$+ a_1 x^{n-1} + \cdots + a_n$ verstehen wir wie in der Differentialrechnung das gleichzeitig mit $p(x)$ zu $\mathfrak{P}$ gehörige Polynom

$$n \cdot a_0 x^{n-1} + (n-1) \cdot a_1 x^{n-2} + \cdots + a_{n-1}.$$

Es gelten dann die bekannten, auch rein algebraisch leicht verifizierbaren Formeln:

$$\begin{aligned} &(p(x) + q(x))' = p'(x) + q'(x);\\ (1)\qquad &(p(x) \cdot q(x))' = p'(x) \cdot q(x) + p(x) \cdot q'(x);\\ &(p(x)^m)' = m \cdot p(x)^{m-1} \cdot p'(x). \end{aligned}$$

Aus (1) folgt sofort: Es sei $p(x)$ ein unzerlegbarer Faktor von $a(x)$, und zwar ein m-facher Faktor, es sei also $a(x) = p(x)^m \cdot b(x)$ mit zu $p(x)$ teilerfremdem $b(x)$. Dann ist $p(x)$ ein $(m-1)$-facher Faktor von $a'(x)$.

In der Tat, nach (1) ist $a'(x) = p(x)^{m-1} \cdot (m \cdot p'(x) \cdot b(x) + p(x) \cdot b'(x)) = p(x)^{m-1} \cdot r(x)$, und es ist dabei $r(x)$ zu $p(x)$ teilerfremd, weil in dem Summanden $m \cdot p'(x) \cdot b(x)$ nicht nur $b(x)$, sondern auch $p'(x)$ durch $p(x)$ unteilbar ist. (Man beachte die Unzerlegbarkeit von $p(x)$ und die Tatsache, daß der Grad von $p'(x)$ kleiner ist als der von $p(x)$.) — Aus der hiermit bewiesenen Grundeigenschaft von $a'(x)$ ergibt sich unmittelbar:

Es sei $a(x) = p_1(x)^{r_1} \cdot \ldots \cdot p_s(x)^{r_s}$ die Zerlegung von $a(x)$ in Potenzen paarweise teilerfremder unzerlegbarer Faktoren, und es werde $a^*(x) = p_1(x) \cdot \ldots \cdot p_s(x)$ gesetzt; $t(x)$ bedeute den gr. g. T. von $a(x)$ und $a'(x)$. Dann ist $t(x) = p_1(x)^{r_1 - 1} \cdot \ldots \cdot p_s(x)^{r_s - 1}$, $a^*(x) = a(x) : t(x)$. Die Berechnung von $a^*(x)$ aus $a(x)$, die „Befreiung des Polynoms $a(x)$ von mehrfachen Faktoren", erfordert also nur die Ausführung einer Reihe von Divisionen, nicht aber die Bestimmung der einzelnen unzerlegbaren Faktoren $p_i(x)$.

Es sei ferner $\tilde{\mathfrak{P}}$ der Polynomring, der aus $\mathfrak{P}$ entsteht, wenn man den Beiwertkörper $\mathfrak{K}$ durch irgendeinen Oberkörper $\tilde{\mathfrak{K}}$ ersetzt. Dann erhält man den Satz: Besitzt das Polynom

$a(x)$ in $\mathfrak{P}$ keine mehrfachen Faktoren, so besitzt es auch keine in $\tilde{\mathfrak{P}}$. — Denn die Einfachheit aller unzerlegbaren Faktoren von $a(x)$ ist ja völlig gleichwertig mit der Teilerfremdheit von $a(x)$ und $a'(x)$; sind aber $a(x)$ und $a'(x)$ in $\mathfrak{P}$ teilerfremd, so sind sie es auch in $\tilde{\mathfrak{P}}$. Als wichtige spezielle Anwendung unseres allgemeinen Satzes sei hervorgehoben: Ein unzerlegbares Polynom besitzt keine mehrfachen Nullstellen.

Unter der Diskriminante des Polynoms $p(x) = x^n - a_1 x^{n-1} + \cdots + (-1)^n a_n$ vom Grade n mit den Beiwerten $(-1)^i \cdot a_i$ und mit den Wurzeln α_i versteht man den Ausdruck:

(2) $$d = ((\alpha_1 - \alpha_2) \cdot (\alpha_1 - \alpha_3) \cdot \ldots \cdot (\alpha_1 - \alpha_n) \cdot (\alpha_2 - \alpha_3) \cdot \ldots \cdot (\alpha_2 - \alpha_n) \cdot \ldots \cdot (\alpha_{n-1} - \alpha_n))^2 = \prod_{i<k} (\alpha_i - \alpha_k)^2.$$

Die Anzahl der Faktoren $(\alpha_i - \alpha_k)^2$, aus denen sich d zusammensetzt, ist offenbar gleich $(n-1) + (n-2) + \cdots + 1 = \frac{n(n-1)}{2}$. Beachtet man die Gleichungen $(\alpha_i - \alpha_k)^2 = -(\alpha_i - \alpha_k) \cdot (\alpha_k - \alpha_i)$ $(i, k = 1, \ldots n)$, so erhält man für d die zweite Darstellung:

(3) $$d = (-1)^{\frac{n(n-1)}{2}} \cdot \prod_{i \neq k} (\alpha_i - \alpha_k) \quad (i, k = 1, \ldots n).$$

Aus (3) folgt sofort, daß d eine symmetrische Funktion der α_i ist. Denn bei einer beliebigen Vertauschung der α_i vertauschen sich die Faktoren des Produkts $\prod_{i \neq k} (\alpha_i - \alpha_k)$ nur untereinander. Versteht man ferner unter $p'(x)$ die Ableitung des Polynoms $p(x)$, so ergibt sich aus (3) die wichtige Gleichung:

(4) $$d = (-1)^{\frac{n(n-1)}{2}} \cdot p'(\alpha_1) \cdot p'(\alpha_2) \cdot \ldots \cdot p'(\alpha_n).$$

Denn aus den Formeln (1) folgt sofort: $p'(\alpha_i) = (\alpha_i - \alpha_1) \cdot \ldots \cdot (\alpha_i - \alpha_{i-1}) \cdot (\alpha_i - \alpha_{i+1}) \cdot \ldots \cdot (\alpha_i - \alpha_n)$. — Als symmetrische Funktion der Wurzeln α_i ist die Diskriminante d ein Polynom in den Beiwerten $(-1)^i \cdot a_i$, also $d = P(a_1 . \ldots a_n)$. Aus (2) ergibt sich unmittelbar die folgende Grundeigenschaft der Diskriminante: *Bildet man die Diskriminante d (also das Polynom $P(a_1, \ldots a_n)$) zu irgendeinem speziell gegebenen Polynom $p(x) = x^n - a_1 x^{n-1} + \cdots \pm a_n$, so wird dann und nur dann $d = 0$, wenn $p(x)$ eine mehrfache Wurzel besitzt.*

Für die Diskriminante eines quadratischen Polynoms $x^2 - a_1 x + a_2 = (x - \alpha_1) \cdot (x - \alpha_2)$ erhält man sofort:

$$(5) \qquad d = (\alpha_1 - \alpha_2)^2 = (\alpha_1 + \alpha_2)^2 - 4\alpha_1\alpha_2 = a_1^2 - 4a_2$$

Bei einem Polynom $x^3 - a_1 x^2 + a_2 x - a_3 = (x - \alpha_1) \cdot (x - \alpha_2) \cdot (x - \alpha_3)$ können und wollen wir uns auf den Fall $a_1 = \alpha_1 + \alpha_2 + \alpha_3 = 0$ beschränken (vgl. § 18). Aus den am Schluß von § 6 skizzierten Methoden folgt dann, daß $d = \zeta a_3^2 + \eta a_2^3$ sein muß. Rechnet man d z. B. für die Polynome $x^3 - x = (x - 1) \cdot (x + 1) \cdot x$ und $x^3 - 7x + 6 = (x - 1) \cdot (x - 2) \cdot (x + 3)$, also für $a_2 = -1$, $a_3 = 0$ bzw. $a_2 = -7$, $a_3 = -6$ aus, so erhält man $d = -4a_2^3 - 27a_3^2$. — Auch für $p(x) = x^4 + a_2 x^2 - a_3 x + a_4$ läßt sich d nach unseren Methoden mit nicht allzu großem Rechenaufwand bestimmen. Das Endergebnis lautet: $d = 16a_2^4 a_4 - 4a_2^3 a_3^2 - 128 a_2^2 a_4^2 + 144 a_2 a_3^2 a_4 - 27 a_3^4 + 256 a_4^3$. Hat der zugrunde gelegte Körper $\mathfrak{K}$ eine Primzahlcharakteristik p, so ändert sich an den Betrachtungen über die Diskriminante nichts. Auch die Definition und die Formel (1) der Ableitung lassen sich unmittelbar übertragen. Man hat nur in den Beiwerten (nicht in den Exponenten) die ganzen Zahlen $n, n - 1, \ldots, m$ durch die Vielfachen $n \times \bar{1}$, $(n - 1) \times \bar{1}, \ldots, \bar{m}$ von $\bar{1}$ zu ersetzen. Unter Berücksichtigung der Tatsache, daß genau dann $m \times \bar{1} = \bar{0}$, wenn p ein Teiler von m, ergibt sich weiter: Es ist genau dann $a'(x) = \bar{0}$, wenn $a(x) = a_0 x^{pl} + a_1 x^{p(l-1)} + \cdots + a_{l-1} x^p + a_l$. Ist $\tilde{\mathfrak{K}}$ ein (wie sich zeigen wird stets vorhandener) Oberkörper von $\mathfrak{K}$, in dem jede der Gleichungen $\xi^p = a_i$ $(i = 0, 1 \ldots, l)$ eine Lösung α_i besitzt, so wird $a_0 x^{pl} + a_1 x^{p(l-1)} + \cdots + a_{l-1} x^p + a_l = (\alpha_0 x^l + \alpha_1 x^{l-1} + \cdots + \alpha_{l-1} x + \alpha_l)^p$ über $\tilde{\mathfrak{K}}$. — Bei einem über $\mathfrak{K}$ unzerlegbaren Polynom $p(x)$ sind alle Nullstellen auf Grund der oben für Charakteristik 0 durchgeführten Schlüsse einfach, wenn $p'(x) \neq \bar{0}$ und damit zu $p(x)$ teilerfremd. Ist dagegen $p'(x) = \bar{0}$, so sind alle Nullstellen von $p(x)$ mindestens p-fach. Die Möglichkeit der Existenz von unzerlegbaren Polynomen mit mehrfachen Nullstellen ist eine der wichtigsten Komplikationen, die bei Körpern von Primzahlcharakteristik berücksichtigt werden muß.

§ 11. Nullstellen und Nichtnullstellen bei Polynomen in mehreren Veränderlichen

Wir betrachten echte, d. h. nicht nur aus dem konstanten Glied bestehende und von Null verschiedene Polynome in n Veränderlichen $x_1, \ldots, x_n$ über dem Körper $\mathfrak{K}_k$ aller komplexen Zahlen oder auch über einem ganz beliebigen algebraisch abgeschlossenen Beiwertkörper $\mathfrak{K}$. Ein Werte-n-Tupel $\alpha_1, \ldots, \alpha_n$ aus $\mathfrak{K}$ heißt Nullstelle des Polynoms $a(x_1, \ldots, x_n)$, wenn $a(\alpha_1, \ldots, \alpha_n) = 0$. Der Satz, daß ein Polynom g-ten Grades in einer einzigen Variabeln x höchstens g verschiedene Nullstellen besitzt, kann dann zu folgendem „Nichtnullstellensatz" verallgemeinert werden:

Es sei g_i jeweils der höchste Exponent, mit dem x_i im Polynom $a(x_1, \ldots, x_n)$ auftritt, $\beta_{ik} (i = 1, \ldots, n;\ k = 1, \ldots, g_i + 1)$ seien $(g_1 + 1) + \cdots + (g_n + 1)$ Elemente aus $\mathfrak{K}$, die der Bedingung genügen, daß für jedes feste i die Elemente $\beta_{i1} \ldots, \beta_{i g_i+1}$ alle verschieden sind. Dann gibt es stets mindestens ein System $\beta_{1k_1}, \ldots, \beta_{nk_n}$, das nicht Nullstelle von $a(x_1, \ldots, x_n)$ ist, für das also $a(\beta_{1k_1}, \ldots, \beta_{nk_n}) \neq 0$ wird.

In der Tat, für $n = 1$ ist die Behauptung richtig, wir dürfen daher ihre Richtigkeit für $n - 1$ annehmen und vollständige Induktion anwenden. Entwickeln wir nun $a(x_1, \ldots, x_n)$ nach $x_n : a(x_1, \ldots, x_n) = a_{g_n}(x_1, \ldots, x_{n-1}) \cdot x_n^{g_n} + a_{g_n - 1}(x_1, \ldots, x_{n-1}) \cdot x_n^{g_n - 1} + \cdots + a_0(x_1, \ldots, x_{n-1})$, so sehen wir, daß für mindestens ein Wertsystem $\beta_{1k_1}, \ldots, \beta_{n-1 k_{n-1}}$ sicher

$a_{g_n}(\beta_{1k_1}, \ldots, \beta_{n-1k_{n-1}}) \neq 0$ und somit $A(x_n) = a(\beta_{1k_1}, \ldots, \beta_{n-1k_{n-1}}, x_n)$ ein Polynom g_n-ten Grades in x_n allein wird. Daraus folgt aber sofort weiter, daß für mindestens ein β_{nk_n} notwendig $A(\beta_{nk_n}) = a(\beta_{1k_1}, \ldots, \beta_{nk_n}) \neq 0$ wird. — Aus dem Nichtnullstellensatz ergibt sich als nächste Anwendung sofort: **Für $n \geqq 2$ hat jedes Polynom $a(x_1, \ldots, x_n)$ von positivem Endgrad unendlich viele Nullstellen.** Enthält nämlich etwa $a(x_1, \ldots, x_n)$ die Unbestimmte x_n wirklich, ist also $a(x_1, \ldots, x_n) = a_g(x_1, \ldots, x_{n-1})\, x_n^g + \cdots + a_0(x_1, \ldots, x_{n-1})$ $(a_g \neq 0, g > 0)$, so gibt es nach dem Nichtnullstellensatz jedenfalls unendlich viele verschiedene Wertsysteme $\alpha_1, \ldots, \alpha_{n-1}$ derart, daß $a_g(\alpha_1, \ldots, \alpha_{n-1}) \neq 0$ und dementsprechend $a(\alpha_1, \ldots, \alpha_{n-1}, x_n) = A(x_n)$ ein Polynom g-ten Grades in x_n allein wird. Da ferner $\mathfrak{K}$ algebraisch abgeschlossen angenommen war, hat $A(x_n)$ in $\mathfrak{K}$ mindestens eine Nullstelle α_n, es kann daher jedes der unendlich vielen Wertsysteme $\alpha_1, \ldots, \alpha_{n-1}$ zu einer Nullstelle $\alpha_1, \ldots, \alpha_{n-1}, \alpha_n$ von $a(x_1, \ldots, x_n)$ ergänzt werden.

§ 12. Nullstellen und Unzerlegbarkeit rationalzahliger Polynome

Während bisher der Beiwertkörper beliebig sein konnte, ist es für die folgenden Betrachtungen wesentlich, daß wir uns auf den Beiwertkörper $\mathfrak{K}_0$ der rationalen Zahlen beschränken. Wir müssen uns nämlich auf den wohlbekannten Satz stützen, daß jede ganze rationale Zahl bis auf die Vorzeichen eindeutig als Produkt von Primzahlen dargestellt werden kann. — Es sei $\mathfrak{P}_0$ der Polynomring in x über $\mathfrak{K}_0$. Wir stellen uns die Aufgabe, 1) die zu $\mathfrak{K}_0$ gehörigen Nullstellen der Polynome aus $\mathfrak{P}_0$ zu bestimmen, 2) für diese Polynome Unzerlegbarkeitsbedingungen aufzusuchen, und schließlich 3) eine Methode zu entwickeln, die es gestattet, bei einem beliebigen Polynom $a(x)$ aus $\mathfrak{P}_0$ rechnerisch die Zerlegung in unzerlegbare Faktoren durchzuführen. (Lösung der Aufgabe 3 erst in § 13.)

Ein Polynom $a(x)$ aus $\mathfrak{P}_0$ heißt „primitiv", wenn seine Beiwerte ganze Zahlen mit dem gr. g. T. 1 sind. Zu jedem Polynom $\alpha(x)$ aus $\mathfrak{P}_0$ gibt es ein und, vom Vorzeichen abgesehen, auch nur ein primitives Polynom $a(x) = \varrho \cdot \alpha(x)$, das sich von $\alpha(x)$ nur um einen Faktor ϱ aus $\mathfrak{K}_0$, also in der Ausdrucksweise von § 3 „nicht wesentlich", unterscheidet.

Beispiel: $\alpha(x) = 6x^3 + \frac{3}{5}x^2 + \frac{21}{2}x + \frac{12}{25}$; $\varrho = \pm\frac{50}{3}$;

$a(x) = \varrho \cdot \alpha(x) = \pm(100x^3 + 10x^2 + 175x + 8)$. — Grundlegend für unsere Untersuchungen ist der

Satz von Gauß. *Sind* $a(x) = a_l x^l + a_{l-1}x^{l-1} + \cdots + a_0$, $b(x) = b_m x^m + b_{m-1}x^{m-1} + \cdots + b_0$ *primitive Polynome, so ist auch* $c(x) = a(x) \cdot b(x) = c_n x^n + c_{n-1}x^{n-1} + \cdots + c_0$ $(n = l + m)$ *primitiv.*

Da die c_i sicher ganz sind, brauchen wir nur zu beweisen, daß sie den gr. g. T. 1 besitzen. Dazu genügt es aber angesichts des für die ganzen Zahlen gültigen Primzahlzerlegungssatzes, wenn wir zeigen:

Sei p eine beliebige Primzahl. Dann folgt aus der Tatsache, daß weder alle a_i noch alle b_i durch p teilbar sind, stets, daß auch nicht alle c_i durch p teilbar sein können.

Es sei etwa a_r durch p unteilbar, während $a_{r-1}, a_{r-2}, \ldots a_0$ durch p teilbar sind, es sei also in der üblichen Schreibweise der Zahlentheorie $a_r \not\equiv 0(p)$, $a_{r-1} \equiv a_{r-2} \equiv \cdots \equiv a_0 \equiv 0(p)$; entsprechend sei $b_s \not\equiv 0(p)$, $b_{s-1} \equiv b_{s-2} \equiv \cdots \equiv b_0 \equiv 0(p)$ $(r \leqq l, s \leqq m)$. Zur Vereinfachung der Bezeichnung werde $a_{l+1} = a_{l+2} = \cdots = b_{m+1} = b_{m+2} = \cdots = 0$ gesetzt. Dann hat man:

$$(1) \qquad \begin{aligned} c_{r+s} = a_r \cdot b_s + a_{r-1} \cdot b_{s+1} + \cdots + a_0 \cdot b_{r+s} \\ + a_{r+1} \cdot b_{s-1} + \cdots + a_{r+s} \cdot b_0, \end{aligned}$$

und daraus folgt sofort $c_{r+s} \not\equiv 0(p)$, weil in (1) auf der rechten Seite der erste Summand als Produkt zweier durch p unteilbarer Zahlen selbst durch p unteilbar ist, während alle übrigen Summanden durch p teilbar sind.

Es sei nun in $\mathfrak{P}_0$ das primitive Polynom $c(x)$ Produkt zweier beliebiger Polynome $\alpha(x)$ und $\beta(x)$, und es seien die rationalen Zahlen ϱ und σ so bestimmt, daß die Polynome $a(x) = \varrho \cdot \alpha(x)$ und $b(x) = \sigma \cdot \beta(x)$ primitiv werden. Dann ist nach dem Gaußschen Satz auch $a(x) \cdot b(x) = (\varrho \cdot \sigma) \cdot c(x)$ primitiv, und daraus folgt sofort, daß entweder $a(x) \cdot b(x) = c(x)$ oder $c(x) = (-a(x)) \cdot b(x)$ sein muß. Ist insbesondere $\alpha(x) = a(x)$ bereits primitiv, so wird $\varrho = \pm 1$ und damit auch $\sigma = \pm 1$. Das heißt aber: *In $\mathfrak{P}_0$ dürfen ohne wesentliche Einschränkung der Allgemeinheit bei jeder Faktorzerlegung eines primitiven Polynoms die Faktoren selbst primitiv angenommen werden. — Sind in der Gleichung $c(x) = a(x) \cdot b(x)$ die Polynome $c(x)$ und $a(x)$ primitiv, so ist stets auch $b(x)$ primitiv.*

Wir beweisen jetzt: Bei einer rationalen Nullstelle α eines ganzzahligen Polynoms $c(x) = c_n x^n + c_{n-1} x^{n-1} + \cdots + c_0$ ist der Zähler ein Teiler von c_0, der Nenner ein Teiler von c_n.

In der Tat, es sei $\alpha = \frac{z}{w}$ (z, w ganzzahlig und teilerfremd), t sei der gr. g. T. der Beiwerte von $c(x)$, so daß $t^{-1} \cdot c(x)$ primitiv wird. Dann gilt eine Gleichung $c(x) = t \cdot (wx - z) \cdot (b_{n-1} x^{n-1} + \cdots + b_0) = t \cdot (wx - z) \cdot b(x)$ mit ganzzahligem, ja sogar primitivem $b(x)$, und daraus folgt sofort $c_n = t \cdot w \cdot b_{n-1}$, $c_0 = -t \cdot z \cdot b_0$. — Ist insbesondere $c(x)$ ganzzahlig normiert ($c_n = 1$), so wird $w = \pm 1$, d. h.:

Jede rationale Nullstelle eines ganzzahligen, normierten Polynoms $c(x) = x^n + c_{n-1} x^{n-1} + \cdots + c_0$ ist ganzzahlig und ein Teiler von c_0.

Da jede ganze Zahl nur endlich viele verschiedene Teiler besitzt, gibt es nach unseren Sätzen nur endlich viele rationale Zahlen, die als Nullstellen eines ganzzahligen Polynoms $c(x)$ in Betracht kommen, und man kann dementsprechend alle rationalen Nullstellen von $c(x)$ durch einfaches Durchprobieren bestimmen. (Dabei darf man nicht übersehen, daß gleichzeitig mit α stets auch $-\alpha$ eine mögliche Nullstelle von $c(x)$ darstellt.) — Entsprechendes gilt für die Bestimmung der rationalen Nullstellen eines beliebigen rationalzahligen Polynoms, da ein solches durch Multiplikation mit einem geeigneten Zahlfaktor ganzzahlig zu machen ist.

Wir wenden uns jetzt zum zweiten Programmpunkt, zur Aufstellung von Unzerlegbarkeitsbedingungen in $\mathfrak{P}_0$. — Der für den Gaußschen Satz gegebene Beweis zeigt: Sind in $a(x) = a_l x^l + \cdots + a_0$ und $b(x) = b_m x^m + \cdots + b_0$ die Beiwerte a_l und b_m durch p unteilbar, so können in $a(x) \cdot b(x) = c(x) = c_n x^n + \cdots + c_0$ $(n = l + m)$ die Beiwerte c_{n-1}, $c_{n-2}, \ldots c_0$ nur dann alle durch p teilbar sein, wenn die Beiwerte $a_{l-1}, a_{l-2}, \ldots a_0, b_{m-1}, b_{m-2}, \ldots b_0$ alle durch p teilbar sind. Sind aber a_0 und b_0 beide durch p teilbar, so ist $c_0 = a_0 \cdot b_0$ sogar durch p^2 teilbar. Aus diesen Bemerkungen ergibt sich unmittelbar der

Unzerlegbarkeitssatz von Schönemann-Eisenstein: *Ist in dem ganzzahligen Polynom $c(x) = c_n x^n + c_{n-1} x^{n-1} + \cdots + c_0$ der Beiwert c_n durch p unteilbar, während $c_{n-1}, c_{n-2}, \ldots c_0$ durch p teilbar sind, so ist $c(x)$ sicher in $\mathfrak{P}_0$ unzerlegbar, wenn c_0 nicht durch p^2 teilbar ist.*

Zum Beweis hat man nur zu bedenken, daß bei jeder Zerlegung von $c(x)$ in $\mathfrak{P}_0$ die Faktoren ganzzahlig angenommen werden dürfen. Als Anwendung des Schönemann-Eisensteinschen Satzes beweisen wir die für später wichtige Unzerlegbarkeit des „Kreisteilungspolynoms" $\pi(x) = \dfrac{x^p - 1}{x - 1}$

$= x^{p-1} + x^{p-2} + \cdots + 1$ (p Primzahl). Setzt man $x = y + 1$, so ergibt sich $\pi(x) = \pi(y+1) = \frac{(y+1)^p - 1}{y} = y^{p-1}$ $+ \binom{p}{1} y^{p-2} + \binom{p}{2} y^{p-3} + \cdots + \binom{p}{p-2} y + \binom{p}{p-1}$.

Dabei sind die Binominalkoeffizienten[1])

$$\binom{p}{k} = \frac{p \cdot (p-1) \cdot \ldots \cdot (p-k+1)}{1 \cdot 2 \cdot \ldots \cdot k} \quad (k = 1, \ldots p-1)$$

alle durch p teilbar, da die Nennerfaktoren sämtlich zu der Primzahl p teilerfremd sind. Andererseits ist $\binom{p}{p-1} = p \not\equiv 0(p^2)$. Es ist also $\pi(x) = \pi(y+1) = P(y)$ als y-Polynom rationalzahlig unzerlegbar, und daraus folgt sofort, daß $\pi(x)$ auch als x-Polynom diese Eigenschaft besitzen muß, weil jede rationalzahlige Zerlegung $\pi(x) = m(x) \cdot n(x)$ eine entsprechende Zerlegung $P(y) = m(y+1) \cdot n(y+1)$ $= M(y) \cdot N(y)$ nach sich zieht.

Da aus der Zerlegbarkeit des Polynoms $c(x) = c_n x^n + c_{n-1} x^{n-1}$ $+ \cdots + c_0$ stets die Zerlegbarkeit von $x^n(c_n x^{-n} + c_{n-1} x^{-n+1}$ $+ \cdots + c_0) = c_0 x^n + c_1 x^{n-1} + \cdots + c_n$ folgt, ergibt sich aus dem Satz von Schönemann-Eisenstein sofort das Korollar: Ist c_n bei dem ganzzahligen $c_0 x^n + c_1 x^{n-1} + \cdots + c_n$ durch p unteilbar, während $c_0, c_1, \ldots, c_{n-1}$ durch p teilbar sind, so ist $c(x)$ sicher in $\mathfrak{P}_0$ unzerlegbar, wenn c_0 durch p^2 unteilbar ist. — Natürlich läßt sich der Satz von Schönemann-Eisenstein noch in mannigfacher Weise ergänzen. So folgt aus der Art seines Beweises sofort: Sind bei dem primitiven Polynom $c_n x^n + c_{n-1} x^{n-1} + \cdots + c_0 = c(x)$ die Beiwerte $c_{n-1}, c_{n-2}, \ldots, c_0$ durch p teilbar, während c_r durch p^2 unteilbar ist $\left(\frac{n}{2} > r > c_0\right)$, so besitzen bei jeder rationalzahligen Zerlegung $c(x) = a(x) \cdot b(x)$ beide Faktoren mindestens den Grad r. Insbesondere muß $c(x)$

[1]) Zur Bildung der Binomialkoeffizienten und zu ihren Teilbarkeitseigenschaften vgl. z. B.: O. Haupt, Lehrbuch d. Algebra Bd. 1; Anhang, sowie S. 335/336.

in $\mathfrak{P}_0$ unzerlegbar sein, wenn $c(x)$ keine rationale Nullstelle besitzt und c_1 durch p^2 unteilbar ist.

§ 13. Interpolation. Faktorzerlegung ganzzahliger Polynome

Die „Interpolationsaufgabe“, mit der wir uns im folgenden beschäftigen, besteht, anschaulich ausgedrückt, in der Bestimmung eines Polynoms möglichst niedrigen Grades, das an endlich vielen vorgegebenen Stellen vorgegebene Werte annimmt.

Genau gesagt: Es seien $u_1, \ldots u_{l+1}$ untereinander verschiedene Elemente aus einem beliebigen Körper $\mathfrak{K}$. Jedem u_i sei ein gleichfalls zu $\mathfrak{K}$ gehöriges a_i zugeordnet, wobei die a_i nicht alle verschieden zu sein brauchen. Dann soll ein Polynom $a(x)$ von höchstens l-tem Grade rational (also mit Hilfe der vier Grundrechnungsarten) so bestimmt werden, daß die $l+1$ Gleichungen $a(u_i) = a_i$ $(i = 1, \ldots l+1)$ gelten.

Zunächst zeigen wir: $a(x)$ ist, falls überhaupt vorhanden, eindeutig bestimmt. — Es seien nämlich $a(x)$, $b(x)$ zwei Polynome höchstens l-ten Grades, für die $a(u_i) = b(u_i) = a_i$ $(i = 1, \ldots l+1)$ wird. Dann hat $c(x) = a(x) - b(x)$ höchstens den Grad l, aber die $l+1$ verschiedenen Nullstellen u_i, und das ist nur möglich, wenn bei $c(x)$ alle Beiwerte gleich 0 sind, wenn also $a(x) = b(x)$ ist. — Es handelt sich nun noch darum, $a(x)$ bei gegebenen u_i und a_i wirklich zu konstruieren. Eine sehr elegante Lösung dieser Aufgabe liefert die sogenannte „Lagrangesche Interpolationsformel“: Es sei $t(x) = \prod_{i=1}^{l+1} (x - u_i)$, so daß $t'(u_i) = (u_i - u_1) \cdot \ldots \cdot (u_i - u_{i-1}) \cdot (u_i - u_{i+1}) \cdot \ldots \cdot (u_i - u_{l+1})$ und $\frac{t(x)}{x - u_i} = (x - u_1) \cdot \ldots \cdot (x - u_{i-1}) \cdot (x - u_{i+1}) \cdot \ldots \cdot (x - u_{l+1})$ wird. Dann ist offenbar das gesuchte Polynom $a(x)$ gegeben durch

$$(1) \quad a(x) = \frac{a_1}{t'(u_1)} \cdot \frac{t(x)}{x - u_1} + \cdots + \frac{a_{l+1}}{t'(u_{l+1})} \cdot \frac{t(x)}{x - u_{l+1}} .$$

In der Praxis benützt man an Stelle der Formel (1) zur Bestimmung von $a(x)$ besser eine ältere, auf Newton zurückgehende Methode. — $q_0(x) = a_1$ bzw. $q_0(x) + \frac{a_2 - q_0(u_2)}{u_2 - u_1}(x - u_1) = q_1(x)$ ist ein Polynom höchstens nullten bzw. ersten Grades, für das $q_0(u_1) = a_1$ bzw. $q_1(u_1) = a_1, q_1(u_2) = a_2$ wird. Angenommen nun, es sei $q_{k-1}(x)$ von höchstens $(k-1)$-tem Grade bereits so bestimmt, daß die k Gleichungen $q_{k-1}(u_i) = a_i$ $(i = 1, \ldots k)$ gelten. Dann ist offenbar

$$(2) \quad q_k(x) = q_{k-1}(x) + \frac{a_{k+1} - q_{k-1}(u_{k+1})}{\prod\limits_{l=1}^{k}(u_{k+1} - u_l)} \cdot \prod_{l=1}^{k}(x - u_l)$$

ein Polynom höchstens k-ten Grades, für das $q_k(u_i) = a_i$ $(i = 1, \ldots k+1)$ wird. Die Anwendung der Formel (2) für $k = 1, 2, \ldots l$ führt also zu dem gesuchten Polynom $a(x) = q_l(x)$.

Wie man sieht, ist die Newtonsche Methode im Gegensatz zu der von Lagrange auf eine dauernde Erhöhung der Bedingungsgleichungszahl unter gleichzeitiger Erhöhung der Polynomgradzahl zugeschnitten. Eine derartige schrittweise Erhöhung liegt aber gerade bei den wichtigsten — in das Gebiet der Analysis gehörenden — Anwendungen der Interpolation in der Natur der Sache. (Man denke z. B. an die Approximation einer gegebenen Funktion durch Polynome zum Zwecke numerischer Integration.)

Rein algebraisch ist die Lösbarkeit des Interpolationsproblems von entscheidender Bedeutung für die Behandlung der am Anfang von § 12 unter 3) gestellten Aufgabe, also für den Beweis des folgenden Satzes:

Im Ringe $\mathfrak{P}_0$ aller rationalzahligen x-Polynome läßt sich jedes Polynom $c(x)$ auf rationalem Wege mit endlich vielen Schritten als Produkt von unzerlegbaren Faktoren darstellen.

Es sei n der Grad des vorgelegten Polynoms $c(x)$, das wir offenbar ganzzahlig primitiv annehmen dürfen; $u_1, \ldots, u_{l+1}$ $(l < n)$ seien $l + 1$ verschiedene ganze Zahlen; $t_{i1}, t_{i2}, \ldots, t_{i\omega_i}$ seien die endlich vielen Teiler der ganzen Zahl $c(u_i)$. Ist dann $a(x)$ ein primitiver Teiler l-ten Grades von $c(x)$, so gilt eine Gleichung $c(x) = a(x) \cdot b(x)$ mit ganzzahligem $b(x)$, es muß also für $i = 1, \ldots, l+1$ stets $a(u_i)$ ein Teiler von $c(u_i)$ sein, $a(u_i) = t_{ik_i}$. — Sind andererseits die Zahlen t_{ik_i} $(i = 1, \ldots, l+1)$ fest vorgeschrieben, so gibt es nach unseren Interpolationssätzen ein einziges, rational berechenbares Polynom $a(x)$ höchstens l-ten Grades, das den $l+1$ Gleichungen $a(u_i) = t_{ik_i}$ genügt. Das heißt aber:

Es gibt $\omega = \omega_1 \cdot \omega_2 \cdot \ldots \cdot \omega_{l+1}$ rational konstruierbare Polynome höchstens l-ten Grades $a_1(x), a_2(x), \ldots a_\omega(x)$, unter denen sich jeder primitive Teiler l-ten Grades von $c(x)$ befinden muß. Zur Bestimmung aller primitiven Teiler l-ten Grades hat man daher nur $c(x)$ durch die in der Reihe $a_1(x), a_2(x), \ldots a_\omega(x)$ vorkommenden primitiven Polynome auszudividieren. Man kann also jedenfalls rational mit endlich vielen Schritten alle primitiven Teiler von $c(x)$ ermitteln. Daß aber unter diesen Umständen $c(x)$ rational mit endlich vielen Schritten als Produkt von rational unzerlegbaren Faktoren dargestellt werden kann, ist so leicht einzusehen, daß wir die Durchdenkung der Einzelheiten dem Leser überlassen dürfen.

Vom Standpunkt der Theorie sind offenbar die in § 12 besprochenen Sätze nur spezielle Ergänzungen zu dem allgemeinen Zerlegungssatz, den wir soeben bewiesen haben. Praktisch dagegen sind die Sätze von § 12 der mannigfachsten Anwendungen fähig, während der allgemeine Zerlegungssatz fast wertlos ist, weil die Zerlegung eines gegebenen Polynoms $c(x)$ nach der oben beschriebenen, grundsätzlich so einfachen Methode meistens an dem Umstand scheitert, daß die Anzahl der durchzuprobierenden möglichen Teiler von $c(x)$ ungeheuer groß wird.

§ 14. Nullstellen reeller Polynome. Der Sturmsche Satz

Bei einem Polynom mit reellen Beiwerten, wo man weiß, daß alle Nullstellen als komplexe Zahlen gedeutet werden können (vgl. § 9), ist natürlich die beliebig genaue Berechnung dieser Nullstellen ein äußerst wichtiges Problem. Und der Anfänger dürfte sogar geneigt sein, hier eine Hauptaufgabe der Algebra zu sehen. In der Tat befinden wir uns aber auf einem Grenzgebiet, das zum größeren Teil in den Bereich der Analysis gehört. Man kann nämlich in unserem Falle zwei Schritte unterscheiden. Es handelt sich darum, zunächst für die gesuchte Nullstelle einen ersten Näherungswert zu finden, der dann anschließend bis zu der vorgegebenen, beliebig großen Genauigkeit zu verbessern ist. Dabei liegen die Dinge so, daß die praktisch wichtigsten Verbesserungsmethoden (Newtonsches Verfahren, regula falsi u. dergl.) ebensogut auf transzendente wie auf algebraische Gleichungen angewandt werden können, also durchaus in die allgemeine Analysis gehören. Anders ist es allerdings bei der einleitenden Bestimmung eines ersten Näherungswertes. Hier müssen wir nur aus Platzmangel darauf verzichten, eine Reihe speziell auf Polynome zugeschnittene Verfahren (Graeffesche Methode, Lillesche geometrische Konstruktion) zu besprechen, und uns damit begnügen, ein wichtiges Teilproblem kurz zu behandeln, nämlich die Berechnung der Anzahl der Nullstellen eines reellzahligen Polynoms, die in ein vorgegebenes Intervall der reellen Zahlgeraden fallen[1]).

Es sei nun $f(x)$ ein fest gegebenes Polynom. Sollte $f(x)$ mehrfache Nullstellen besitzen, so können wir $f(x)$ nach § 10 auf rationalem Wege von diesen mehrfachen Nullstellen befreien. Wir dürfen und wollen daher von vornherein voraussetzen, daß alle Nullstellen von $f(x)$ einfach sind. Es soll jetzt die Anzahl $\nu_{a,b}$ der reellen Nullstellen von $f(x)$ im Intervalle $\widehat{ab}$ bestimmt werden. Ohne wesentliche Einschränkung der Allgemeinheit dürfen wir uns $\widehat{ab}$ so gewählt denken, daß $f(a) \neq 0$, $f(b) \neq 0$ ist. Zur Ermittlung von $\nu_{a,b}$ bilden wir nach Ch. Sturm (1803—1855) mit den Ausgangsfunktionen $f_0(x) = f(x)$ und $f_1(x) = f'(x)$ die Kette des Euklidischen Divisionsverfahrens:

[1]) Einige einfache Grundbegriffe der Analysis (Stetigkeit, Mittelwertsatz, Taylorentwicklung) werden als bekannt vorausgesetzt. Die reelle Zahlgerade wird wie üblich orientiert (positive Werte rechts). Die betrachteten Intervalle sind offen. Auch die Möglichkeit des rechten Randes $+\infty$ (linken Randes $-\infty$) wird zugelassen. — Wenn von dem Verhalten einer Funktion links (rechts) von a die Rede ist, so ist das Verhalten in einem hinreichend kleinen Intervall mit dem rechten (linken) Rande a gemeint.

$$(1) \qquad f_i(x) = f_{i+1}(x) \cdot g_{i+2}(x) - f_{i+2}(x)$$
$$(i = 0, 1, \ldots \mu - 1;\ f_{\mu+1}(x) = 0)$$

(Vgl. § 3. Bezeichnung etwas anders als damals.) Von wesentlicher Bedeutung ist es, daß die „Reste“ $-f_{i+2}(x)$ mit negativem Vorzeichen genommen werden. — Die Funktionenfolge $f_0(x), f_1(x), \ldots f_\mu(x)$ besitzt die folgenden charakteristischen Eigenschaften:

a) Wegen der Einfachheit der Nullstellen von $f(x) = f_0(x)$ ist $f_\mu(x) = C$ eine von 0 verschiedene Zahl. — b) Es kann niemals $f_i(\alpha) = f_{i+1}(\alpha) = 0$ werden, weil sonst aus (1) schrittweise $f_{i+2}(\alpha) = f_{i+3}(\alpha) = \cdots = f_\mu(\alpha) = 0$ folgte. — c) Ist $f_i(\alpha) = 0$, so haben $f_{i-1}(\alpha)$ und $f_{i+1}(\alpha)$ an der Stelle α und damit wegen der Polynomstetigkeit auch unmittelbar rechts und links von α entgegengesetzte Vorzeichen ($i \geqq 1$). — d) Ist $f_0(\alpha) = f(\alpha) = 0$, so ist $f'(\alpha) \neq 0$, und es wird nach der Taylorformel $f(x) = (x-\alpha) \cdot \big(f'(\alpha) + (x-\alpha) \cdot v(x)\big)$. Daraus folgt, daß $f(x)$ und $f'(x)$ unmittelbar links von α entgegengesetzte, unmittelbar rechts von α gleiche Vorzeichen haben.

Wir wollen nun für beliebiges α unter w_α die Anzahl der „Zeichenwechsel“ in der Funktionsfolge $f_0(\alpha), f_1(\alpha), \ldots f_\mu(\alpha)$ verstehen, also die Anzahl der Indizes $i < \mu$, für die $\frac{f_i(\alpha)}{f_{i+1}(\alpha)} < 0$ wird. (Sollte $f_{i+1}(\alpha) = 0$ sein, so ist an Stelle des Quotienten $\frac{f_i(\alpha)}{f_{i+1}(\alpha)}$ der Quotient $\frac{f_i(\alpha)}{f_{i+2}(\alpha)}$ zu betrachten). Es gilt dann der

Satz von Sturm: *Die Anzahl $v_{a,b}$ der reellen Wurzeln von $f(x)$ im Intervall $\widehat{ab}$ ist gleich $w_a - w_b$.*

Zum Beweis untersuchen wir das Verhalten von w_α, wenn α von links nach rechts das Intervall $\widehat{ab}$ durchläuft. Auf einer Teilstrecke, auf der keines der Polynome $f_i(x)$ verschwindet, kann aus Stetigkeitsgründen auch kein $f_i(x)$ sein Vorzeichen ändern, es bleibt also w_α auf der ganzen Strecke konstant. Ist ferner $f_i(\alpha) = 0$ $(i \geqq 1)$, so haben nach Grundeigenschaft c) $f_{i-1}(x)$ und $f_{i+1}(x)$ unmittelbar rechts und links von α entgegengesetzte Vorzeichen, die Teilfolge $f_{i-1}(x)$, $f_i(x)$, $f_{i+1}(x)$ liefert also, wie mühelos zu sehen, auf beiden Seiten von α — und an der Stelle α selbst — genau einen Vorzeichenwechsel. (Diese Überlegung gilt auch für $\alpha = a$ und $\alpha = b$.) Ist schließlich $f_0(\alpha) = f(\alpha) = 0$, so ist nach Voraussetzung jedenfalls $\alpha \neq a$, $\alpha \neq b$, und es ist $\frac{f(x)}{f'(x)} = \frac{f_0(x)}{f_1(x)}$ nach Grundeigenschaft d) unmittelbar links von α negativ, unmittelbar rechts positiv. — Im ganzen ergibt sich also: w_α ändert sich nur dann, wenn man eine Nullstelle α von $f(x)$ überschreitet, und zwar nimmt w_α bei einer derartigen Überschreitung stets genau um eine Einheit ab. Damit ist der Sturmsche Satz bewiesen.

Die Anwendung des Sturmschen Satzes wird durch den Umstand erschwert, daß die zuerst vorzunehmende Befreiung des ursprünglich gegebenen Polynoms von mehrfachen Nullstellen und die anschließende Aufstellung der Kette $f_0(x)$, $f_1(x), \ldots f_\mu(x)$ meistens sehr mühsame Rechnungen erfordert. Praktisch sind deshalb zwei ältere Kriterien wichtiger, obwohl diese Kriterien im Gegensatz zum Sturmschen Satz nur eine obere Grenze für $\nu_{a,\,b}$ liefern.

Es sei $f(x)$ ein Polynom vom Grade n, und es sei $f(a) \neq 0$, $f(b) \neq 0$; über die Vielfachheit der Nullstellen von $f(x)$ wird diesmal nichts vorausgesetzt. w'_α bedeute die Anzahl der Zeichenwechsel in der Folge $f^{(0)}(\alpha) = f(\alpha)$, $f^{(1)}(\alpha) = f'(\alpha)$, $f^{(2)}(\alpha) = (f^{(1)})'(\alpha), \ldots f^{(n)}(\alpha) = (f^{(n-1)})'(\alpha)$[1]. (Ist etwa $f^{(i+1)}(\alpha) = \cdots = f^{(i+r)}(\alpha) = 0$, $f^{(i+r+1)}(\alpha) \neq 0$, so hat man

---

[1]) $f^{(\nu)}(x)$ ist in der Bezeichnungsweise der Differentialrechnung die ν-te Ableitung von $f(x)$!

bei der Bestimmung von w'_α an Stelle des Quotienten $\frac{f^{(i)}(\alpha)}{f^{(i+1)}(\alpha)}$ natürlich den Quotienten $\frac{f^{(i)}(\alpha)}{f^{(i+r+1)}(\alpha)}$ zu bilden.) Wir beweisen nun den

Satz von Fourier: *Zählt man jede Nullstelle von $f(x)$ so oft, wie ihre Vielfachheit angibt, so gilt für die Nullstellenzahl $\nu_{a,b}$ eine Gleichung $\nu_{a,b} = w'_a - w'_b - 2q$, wobei q eine nicht negative ganze Zahl bedeutet.*

Der Beweis ergibt sich in entsprechender Weise wie beim Sturmschen Satz aus den folgenden Überlegungen: Es sei etwa $f^{(i)}(\alpha) = \gamma \neq 0$, $f^{(i+1)}(\alpha) = \cdots = f^{(i+r)}(\alpha) = 0$, $f^{(i+r+1)}(\alpha) = \delta \neq 0$. Mit $\sigma_+^{(k)}$ bzw. $\sigma_-^{(k)}$ werde das Vorzeichen von $f^{(k)}(x)$ unmittelbar rechts bzw. links von α bezeichnet, ε_1 bzw. ε_2 sei das Vorzeichen von δ bzw. γ. — Nach der Taylorformel wird

$$f^{(i+\tau)}(x) = (x-\alpha)^{r-\tau+1} \cdot \left(\frac{\delta}{(r-\tau+1)!} + (x-\alpha) \cdot r_\tau(x)\right)$$
$$(\tau = 1, 2, \ldots r),$$

und daraus folgt sofort:

$$(2)\begin{cases} \sigma_-^{(i+r+1)} = \varepsilon_1, & \sigma_-^{(i+r)} = -\varepsilon_1, & \sigma_-^{(i+r-1)} = \varepsilon_1, \ldots \\ \sigma_+^{(i+r+1)} = \varepsilon_1, & \sigma_+^{(i+r)} = \varepsilon_1, & \sigma_+^{(i+r-1)} = \varepsilon_1, \ldots \\ \sigma_-^{(i+2)} = (-1)^{r-1} \cdot \varepsilon_1, & \sigma_-^{(i+1)} = (-1)^r \cdot \varepsilon_1, & \sigma_-^{(i)} = \varepsilon_2 \\ \sigma_+^{(i+2)} = \varepsilon_1, & \sigma_+^{(i+1)} = \varepsilon_1, & \sigma_+^{(i)} = \varepsilon_2. \end{cases}$$

Aus (2) ist unmittelbar abzulesen: Ist r gerade, so gehen in der Teilfolge $f^{(i)}(x), f^{(i+1)}(x), \ldots f^{(i+r+1)}(x)$ beim Überschreiten der Stelle α genau r Zeichenwechsel verloren. Ist r ungerade, so gehen $r+1$ oder $r-1$ Zeichenwechsel verloren, je nachdem ob $\varepsilon_1 = \varepsilon_2$ oder $\varepsilon_1 \neq \varepsilon_2$. — Genau so sieht man, daß beim Überschreiten der Stelle α in der Teilfolge $f^{(0)}(x), f^{(1)}(x), \ldots f^{(r)}(x)$ genau r Zeichenwechsel verloren gehen, falls $f^{(0)}(\alpha) = f(\alpha) = f^{(1)}(\alpha) = \cdots = f^{(r-1)}(\alpha) = 0$, $f^{(r)}(\alpha) \neq 0$.

— Damit ist der Fouriersche Satz bewiesen. Ein Spezialfall des Fourierschen Satzes ist der

Satz von Descartes: *Die Anzahl der positiven bzw. negativen Wurzeln der Gleichung* $x^n + a_1 x^{n-1} + \cdots + a_n = 0$ $(a_n \neq 0)$ *ist höchstens so groß wie oder um eine gerade Zahl kleiner als die Anzahl der Zeichenwechsel in der Folge* $1, a_1, \ldots a_n$ *bzw.* $1, -a_1, (-1)^2 \cdot a_2, \ldots (-1)^n \cdot a_n$.

In der Tat, wendet man den Fourierschen Satz auf das Intervall $\widehat{0, +\infty}$ (bzw. $\widehat{0N}$ mit hinreichend großem N) an, und beachtet man, daß $f(N), f^{(1)}(N), f^{(2)}(N), \ldots$ für hinreichend großes N alle positiv sind, während $f(0) = a_n$, $f^{(1)}(0) = a_{n-1}$, $f^{(2)}(0) = 2! \cdot a_{n-2}, \ldots f^{(n)}(0) = n!$ wird, so erhält man sofort den auf die positiven Wurzeln bezüglichen Teil der Behauptung. Was die negativen Wurzeln von $f(x)$ angeht, so beachte man, daß diese identisch sind mit den positiven Wurzeln von $f(-x)$.

Man sieht nun mühelos: Die Summe der Zeichenwechsel in den Folgen $a_0 = 1, a_1, a_2, \ldots a_n$ und $a_0 = 1, -a_1, (-1)^2 \cdot a_2, \ldots (-1)^n \cdot a_n$ ist höchstens gleich n; sie ist dann und nur dann genau gleich n, wenn niemals zwei aufeinanderfolgende Glieder a_i, a_{i+1} gleichzeitig 0 sind, und wenn für $a_{i+1} = 0$ die Glieder a_i, a_{i+2} stets entgegengesetzte Vorzeichen haben. Aus dieser Bemerkung und dem Descartesschen Satz ergeben sich sofort zwei wichtige Folgerungen:

Hat die Gleichung $f(x) = x^n + a_1 x^{n-1} + \cdots + a_n = 0$ $(a_n \neq 0)$ *lauter reelle Wurzeln, so ist die Anzahl der positiven bzw. negativen Wurzeln von* $f(x)$ *genau gleich der Zahl der Zeichenwechsel in der Folge* $1, a_1, a_2, \ldots a_n$ *bzw.* $1, -a_1, (-1)^2 \cdot a_2, \ldots (-1)^n \cdot a_n$.

Sind in $f(x) = x^n + a_1 x^{n-1} + \cdots + a_n$ $(a_n \neq 0)$ zwei aufeinanderfolgende Beiwerte a_i, a_{i+1} gleich 0, oder ist $a_{i+1} = 0$, während a_i und a_{i+2} gleiches Vorzeichen haben, $(a_0 = 1)$, so besitzt $f(x)$ mindestens ein Paar komplexer Wurzeln.

Abschnitt III

Auflösung der Gleichungen ersten bis vierten Grades

§ 15. Gleichung 1. und 2. Grades

Die Lösung einer linearen und einer quadratischen Gleichung in einer Unbekannten setzen wir als bekannt voraus.

Insbesondere sei nur darauf hingewiesen, daß bei einer quadratischen Gleichung

$$(1) \qquad p(x) = a_0 x^2 + a_1 x + a_2 = 0 \quad (a_0 \neq 0)$$

für die Diskriminante

$$(2) \qquad d = a_1^2 - 4a_0 a_2$$

des Polynoms $p(x)$ der Satz gilt: d verschwindet dann und nur dann, wenn die beiden Nullstellen von $p(x)$ zusammenfallen. Sind a_0, a_1, a_2 reell, so ist $d > 0$ oder $d < 0$ je nachdem ob die beiden Nullstellen von $p(x)$ reell oder konjugiert komplex sind.

In entsprechender Weise setzen wir voraus, daß der Leser mit der Lösung von zwei oder drei linearen Gleichungen oder auch mit der Lösung eines Gleichungssystems

$$(3) \qquad x^2 + y^2 + a_{i1} x + a_{i2} y + a_{i3} = 0 \quad (i = 1, 2)$$

von der Schule her vertraut ist. An einer Stelle (in § 21) werden Determinanten dritten Grades ohne vorherige Entwicklung der einschlägigen Theorie benutzt.

Dagegen soll noch in zwei einfachen Spezialfällen auf einen praktisch sehr wichtigen Zusammenhang zwischen homogenen und inhomogenen Gleichungssystemen etwas ausführlicher eingegangen werden. Bei einem linearen inhomogenen System

$$(4) \qquad a_{i1} x + a_{i2} y + a_{i3} = 0 \quad (i = 1, 2)$$

gilt bekanntlich der Satz: Ist $D = a_{11} \cdot a_{22} - a_{12} \cdot a_{21} \neq 0$, so hat (4) genau eine Lösung. Ist aber $D = 0$, so hat (4) entweder gar keine oder unendlich viele Lösungen. An Stelle dieses Theorems, das wegen des Auftretens zweier Möglichkeiten im Falle $D = 0$ nicht voll befriedigt, erhalten wir ein einfacheres, wenn wir statt (4) das homogene System

$$a_{i1} x_1 + a_{i2} x_2 + a_{i3} x_3 = 0 \quad (i = 1, 2) \tag{5}$$

betrachten und einerseits die triviale Lösung $x_1 = x_2 = x_3 = 0$ von der Betrachtung ausschließen, andererseits zwei proportionale Lösungen als nicht wesentlich verschieden ansehen: Vom Ausnahmefall $a_{11} : a_{12} : a_{13} = a_{21} : a_{22} : a_{23}$, in dem unendlich viele wesentlich verschiedene Lösungen existieren, abgesehen, besitzt (5) im wesentlichen genau eine Lösung. Der Beweis kann angesichts der unmittelbar folgenden Betrachtungen dem Leser überlassen werden. — Wenden wir uns zur Untersuchung einer linearen und einer quadratischen Gleichung, so erscheint es nach dem Bisherigen zweckmäßig, mit einem homogenen System

$$\begin{aligned} l(x_1, x_2, x_3) &= a_1 x_1 + a_2 x_2 + a_3 x_3 = 0 \\ q(x_1, x_2, x_3) &= b_{11} x_1^2 + 2b_{12} x_1 x_2 + b_{22} x_2^2 + 2b_{13} x_1 x_3 \\ &\quad + 2b_{23} x_2 x_3 + b_{33} x_3^2 = 0 \end{aligned} \tag{6}$$

zu beginnen, wobei wir voraussetzen, daß weder alle a_i noch alle b_{ik} gleich 0 sind. Ist etwa $a_3 \neq 0$, so können wir $q(x_1, x_2, x_3)$ hinsichtlich der Veränderlichen x_3 durch $l(x_1, x_2, x_3)$ im Sinne von § 3 ausdividieren:

$$\begin{aligned} q(x_1, x_2, x_3) &= l(x_1, x_2, x_3) \cdot (c_1 x_1 + c_2 x_2 + c_3 x_3) \\ &\quad + d_{11} x_1^2 + 2d_{12} x_1 x_2 + d_{22} x_2^2 \end{aligned} \tag{7}$$

(6) ist dann gleichwertig mit dem System:

$$\begin{aligned} r(x_1, x_2) &= d_{11} x_1^2 + 2d_{12} x_1 x_2 + d_{22} x_2^2 = 0; \\ x_3 &= -a_3^{-1} (a_1 x_1 + a_2 x_2) \end{aligned} \tag{8}$$

Wie bei (5) sind nun zwei Hauptfälle zu unterscheiden: a) $d_{11} = d_{12} = d_{22} = 0$, $q(x_1, x_2, x_3)$ ist teilbar durch $l(x_1, x_2, x_3)$. Unendlich viele wesentlich verschiedene Lösungen, da x_1, x_2 willkürlich wählbar. b) Nicht alle d_{ik} gleich 0. Zwei Unterfälle: α) $d_{12}^2 - d_{11} d_{22} = \delta \neq 0$. Zwei wesentlich verschiedene

Lösungen $x_1 = \xi_{i1}$, $x_2 = \xi_{i2}$ $(i = 1, 2)$, zu denen jeweils eindeutig $x_3 = -a_3^{-1}(a_1\xi_{i1} + a_2\xi_{i2})$ tritt. (Falls $d_{11} = d_{22} = 0$, $d_{12} \neq 0$, muß entweder $x_1 = 0$ oder $x_2 = 0$ sein, und es kann $\xi_{11} = 0, \xi_{12} = 1, \xi_{21} = 1, \xi_{22} = 0$ gesetzt werden. Ist aber etwa $d_{11} \neq 0$, so würde $x_2 = 0$ sofort $x_1 = x_3 = 0$ nach sich ziehen, und man kann von $r(x_1, x_2) = 0$ wegen $x_2 \neq 0$ zur quadratischen Gleichung $r(x_1 \cdot x_2^{-1}, 1) = 0$ übergehen, die wegen $\delta \neq 0$ für $x_1 \cdot x_2^{-1}$ zwei verschiedene Werte liefert). — β) $\delta = 0$. Im wesentlichen nur eine Lösung $x_1 = \xi_1$, $x_2 = \xi_2$, $x_3 = -a_3^{-1}(a_1\xi_1 + a_2\xi_2)$. (Es ist sicher entweder $d_{11} \neq 0$ oder $d_{22} \neq 0$, und man darf wie unter a) schließen). — Trifft man die Konvention, daß im Falle bβ) die eine Lösung, die ja auch mit Hilfe einer quadratischen Gleichung gewonnen wird, doppelt zu zählen ist, so hat man das einfache Endergebnis: Von dem Ausnahmefall der Teilbarkeit von $q(x_1, x_2, x_3)$ durch $l(x_1, x_2, x_3)$ abgesehen, besitzt (6) zwei wesentlich verschiedene Lösungen, die u. U. in eine einzige doppelt zu zählende Lösung zusammenfallen. — Ist nun statt (6) ein inhomogenes System

$$l(x, y, 1) = 0, \quad q(x, y, 1) = 0 \tag{9}$$

gegeben, so sieht man sofort: die verschiedenen Lösungen von (9) entsprechen umkehrbar eindeutig den wesentlich verschiedenen Lösungen von (6) mit $x_3 \neq 0$. (Beachte $l(x_1, x_2, x_3) = x_3 \cdot l(x_1 x_3^{-1}, x_2 x_3^{-1}, 1)$, $q(x_1, x_2, x_3) = x_3^2 \cdot q(x_1 x_3^{-1}, x_2 x_3^{-1}, 1)$, sowie die Tatsache, daß in jeder Klasse nicht wesentlich verschiedener Lösungen von (6) mit $x_3 \neq 0$ genau eine Lösung mit $x_3 = 1$ auftritt.) — Der Zusammenhang zwischen dem homogenen und dem inhomogenen System zeigt, daß im Inhomogenen zwei neue Sonderfälle dazukommen. Nur eine, einfach zu zählende Lösung bzw. überhaupt keine Lösung (entsprechend einer bzw. zwei Lösungen mit $x_3 = 0$ im Homogenen).

Die Verhältnisse werden anschaulich durch eine geometrische Interpertation. Die Lösung eines Systems (6) bzw. (9) bedeutet die

Bestimmung der Schnittpunkte einer Geraden mit einem Kegelschnitt (Kreis, Ellipse, Parabel, Hyperbel, im Entartungsfall Geradenpaar), und zwar arbeitet man im inhomogenen Fall in der endlichen (affinen oder auch euklidischen), im homogenen Fall in der durch Hinzunahme der unendlich fernen Punkte abgeschlossenen projektiven Ebene. Sieht man nun von der Möglichkeit ab, daß die Gerade Bestandteil des (entarteten) Kegelschnittes ist, so gibt es im projektiven Fall immer zwei Schnittpunkte, die in anschaulicher Weise zusammenfallen, wenn die Gerade Tangente wird. Im affinen Fall dagegen muß man mit der Möglichkeit rechnen, daß ein oder beide Schnittpunkte ins Unendliche fallen. (Man denke an eine Parallele zur Asymptote oder an eine Asymptote einer Hyperbel).

§ 16. Quadratwurzelkörper. Konstruktion mit Zirkel und Lineal

Es sei $\mathfrak{K} = \mathfrak{K}^{(0)}$ ein beliebiger Körper; $\mathfrak{K}^{(0)}, \mathfrak{K}^{(1)}, \ldots \mathfrak{K}^{(m)} = \mathfrak{L}$ sei eine endliche Körperkette, bei der $\mathfrak{K}^{(i)}$ jeweils aus $\mathfrak{K}^{(i-1)}$ durch Hinzunahme der Nullstellen eines über $\mathfrak{K}^{(i-1)}$ unzerlegbaren Polynoms $x^2 + a_{i-1}x + b_{i-1}$ mit Beiwerten a_{i-1}, b_{i-1} aus $\mathfrak{K}^{(i-1)}$ entsteht ($i = 1, \ldots m$). Ersichtlich kann der Übergang von $\mathfrak{K}^{(i-1)}$ zu $\mathfrak{K}^{(i)}$ auch dadurch vollzogen werden, daß man aus einem geeigneten Element c_{i-1} aus $\mathfrak{K}_{i-1}$ die Quadratwurzel zieht. Es soll dementsprechend $\mathfrak{L}$ als ein „Quadratwurzelkörper", jedes Element aus $\mathfrak{L}$ als eine „Quadratwurzelgröße" über $\mathfrak{K}$ bezeichnet werden. Der Begriff der Quadratwurzelgröße hängt aufs engste zusammen mit dem bereits im Altertum hochberühmten geometrischen Problem der „Konstruktion mit Zirkel und Lineal". — Alle in diesen Problemkreis gehörigen geometrischen Aufgaben können auf folgende Form gebracht werden:

Es sollen in der Ebene aus endlich vielen gegebenen Punkten $A_1, \ldots A_\varrho$ endlich viele mit den A_i durch vorgeschriebene geometrische Bedingungen verknüpfte Punkte $X_1, \ldots X_\sigma$ mit endlich vielen Schritten konstruiert werden, und zwar unter alleiniger Benützung der folgenden drei Grundkonstruktionen:

1. Sind A_1, B_1; A_2, B_2 „bekannte“, d. h. ursprünglich gegebene oder bereits konstruierte Punkte, so kann (mit dem Lineal) der Schnittpunkt der Geraden $g_1 = \widehat{A_1B_1}$ durch A_1, B_1 und $g_2 = \widehat{A_2B_2}$ durch A_2, B_2 bestimmt werden.

2. Es seien A, B, M bekannte Punkte; $|CD|$ bedeute den Abstand zweier weiterer bekannter Punkte C, D. Dann kann (mit Lineal und Zirkel) die Gerade $g = \widehat{AB}$ mit dem Kreis k mit dem Mittelpunkt M und dem Radius $r = |CD|$ zum Schnitt gebracht werden.

3. Es können (mit dem Zirkel) zwei Kreise k_1, k_2 mit bekannten Mittelpunkten M_1, M_2 und bekannten Radien $r_1 = |C_1D_1|$, $r_2 = |C_2D_2|$ zum Schnitt gebracht werden.

Beispiel: Es soll durch den nicht auf der Geraden g liegenden Punkt P die Parallele zu g gezogen werden. — Umformulierung der Aufgabe: Es soll zu drei nicht auf einer Geraden liegenden Punkten A, B, P ein Punkt X so bestimmt werden, daß $\widehat{PX}$ zu $\widehat{AB}$ parallel ausfällt. — Durchführung der Konstruktion: a) Kreis um A mit dem Radius $|AP|$ liefert mit $\widehat{AB}$ den Schnittpunkt C. (2. Grundkonstruktion. Welcher der beiden Schnittpunkte mit C benannt wird, ist gleichgültig.) b) Kreis um P mit Radius $|AP|$, Kreis um A mit Radius $|PC|$ liefern als Schnittpunkt den gesuchten Punkt X (2. Grundkonstruktion; X ist so zu wählen, daß X und C auf verschiedenen Seiten von $\widehat{AP}$ liegen).

Wie hängt nun das Problem der Konstruktion mit Zirkel und Lineal mit den Quadratwurzelgrößen zusammen? — Es sei eine bestimmte geometrische Aufgabe vorgelegt. $A_1, \ldots A_\varrho$ bzw. $X_1, \ldots X_\sigma$ seien die gegebenen bzw. die gesuchten Punkte. Es soll entschieden werden, ob die X_i aus den A_i mit Zirkel und Lineal konstruierbar sind oder nicht. Um diese Frage auf algebraischem Wege zu beantworten, führen wir in der

Ebene rechtwinklige Koordinaten x, y ein; dabei dürfen und wollen wir uns das Koordinatensystem so gewählt denken, daß die Punkte (0, 0) und (1, 0) (d. h. die Punkte mit den Koordinaten $x = 0$, $y = 0$ bzw. $x = 1$, $y = 0$) in die Reihe der A_i gehören. Mit $\mathfrak{K}$ möge der kleinste Körper bezeichnet werden, der die Koordinaten aller A_i enthält. Dann gilt der folgende Hauptsatz:

Die Punkte X_i sind dann und nur dann aus den Punkten A_i mit Zirkel und Lineal konstruierbar, wenn die Koordinaten der X_i über dem durch die Koordinaten der A_i bestimmten Körper $\mathfrak{K}$ (reelle) Quadratwurzelgrößen sind.

Um einzusehen, daß die Koordinaten jedes konstruierbaren Punktes X_i (reelle) Quadratwurzelgrößen über $\mathfrak{K}$ sind, bedenke man:

Die Gleichung der Geraden $g = \widehat{AB}$ durch die Punkte $A = (a_1, a_2)$, $B = (b_1, b_2)$ lautet:

$$(1) \qquad (a_2 - b_2) \cdot x - (a_1 - b_1) \cdot y + (a_1 b_2 - a_2 b_1) = 0.$$

Andererseits ist die Gleichung des Kreises k mit dem Mittelpunkt $M = (m_1, m_2)$ und dem Radius $r = |\, CD \,|$ gegeben durch

$$(2) \qquad (x - m_1)^2 + (y - m_2)^2 - r^2$$
$$= x^2 + y^2 - 2m_1 x - 2m_2 y + (m_1^2 + m_2^2 - r^2) = 0,$$

wobei $r^2 = (c_1 - d_1)^2 + (c_2 - d_2)^2$ zu setzen ist, falls $C = (c_1, c_2)$, $D = (d_1, d_2)$.

Die Ausführung der Grundoperation 1 bzw. 2 bzw. 3 bedeutet also algebraisch die Auflösung eines Gleichungssystems von dem in § 15 betrachteten Typus (4) bzw. (9) bzw. (3), wobei die Gleichungsbeiwerte dem durch die Koordinaten der bereits bekannten Punkte bestimmten (reellen) Körper $\mathfrak{M}$ angehören. Die Koordinaten der durch die betreffende Grundkonstruktion gelieferten Schnittpunkte gehören daher stets entweder dem Körper $\mathfrak{M}$ selbst an oder einem Körper $\mathfrak{M}'$, der aus $\mathfrak{M}$ durch Hinzunahme einer geeigneten, aus geometrischen Gründen selbstverständlich reellen Quadratwurzel hervorgeht.

Zum Beweise der Tatsache, daß $X = (u_1, u_2)$ stets konstruierbar ist, wenn u_1, u_2 reelle Quadratwurzelgrößen über $\mathfrak{K}$ darstellen, hat man nur zu zeigen: Die Menge der Koordinaten aller konstruierbaren Punkte bildet einen Körper, der gleichzeitig mit einer reellen Zahl $a > 0$ stets auch $\sqrt{a}$ enthält. — Man überlegt sich nun der Reihe nach:

a) Aus dem Punkt (a_1, a_2) können die Punkte $(a_1, 0)$, $(a_2, 0)$ konstruiert werden und umgekehrt. (Es sind nur ganz elementare Konstruktionen nötig, die sich mühelos auf die drei Grundkonstruktionen zurückführen lassen; die Durchüberlegung im einzelnen ist eine gute Übungsaufgabe.) — Unter diesen Umständen darf man sich auf die Betrachtung von Punkten der Form $(a, 0)$, d. h. von Punkten auf der x-Achse beschränken.

b) Sind die Punkte $(a, 0)$ und $(b, 0)$ konstruierbar, so sind es auch die Punkte $(a + b, 0)$, $(a - b,\ 0)$, $(a \cdot b, 0)$, $\left(\frac{a}{b}, 0\right)$. Die Konstruktion von $(a \pm b, 0)$ ist trivial, handelt es sich doch einfach um Streckenabtragungen auf der x-Achse in bestimmten Richtungen. Aber auch die Bestimmung von $(a \cdot b, 0)$ und $\left(\frac{a}{b}, 0\right)$ erfordert nur ganz einfache Zweistrahlbetrachtungen. (Vgl. Zeichnung 1, bei der der Einfachheit halber $a > 0, b > 0$ angenommen ist.)

c) Die Konstruktion des Punktes $(\sqrt{a}, 0)$ aus dem gegebenen Punkte $(a, 0)$ — natürlich für $a > 0$ — ist eine einfache Anwendung des Pythagoreischen Lehrsatzes. (Vgl. Zeichnung 2.)

Die Bedeutung des Hauptsatzes wird am besten an einigen Beispielen erläutert. Dabei sind vor allem die Fälle bemerkenswert, in denen mit Hilfe des Hauptsatzes die Unlösbarkeit eines bestimmten geometrischen Problems nachgewiesen wird.

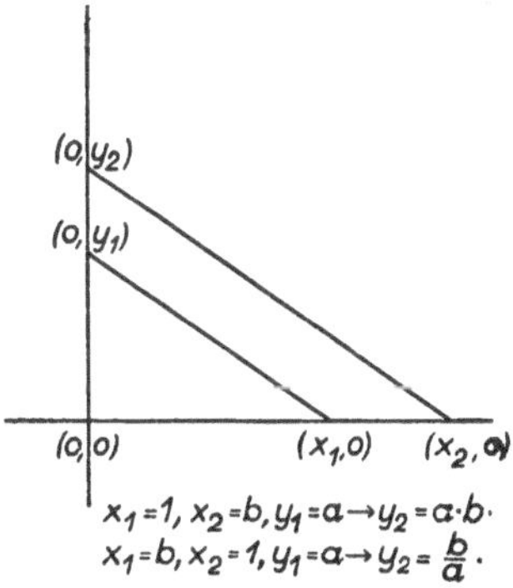

Zeichnung 1.

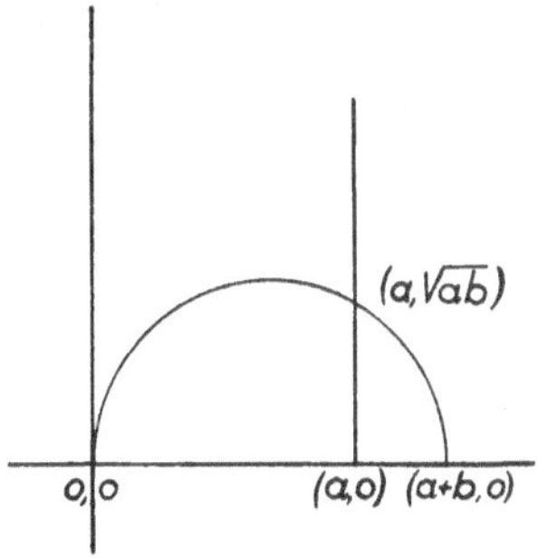

Zeichnung 2.

1. Beispiel. Es soll zu einem gegebenen Würfel ein Würfel doppelten Inhaltes konstruiert werden. („Würfelverdopplung“ oder „Delisches Problem“.) — Ist die Kantenlänge des gegebenen Würfels gleich 1, so ist die des gesuchten gleich $\sqrt[3]{2}$. Es handelt sich also darum, zu den gegebenen Punkten $A_1 = (0, 0)$, $A_2 = (1, 0)$ den Punkt $X = (\sqrt[3]{2}, 0)$ zu konstruieren. Die Aufgabe erweist sich als unlösbar, da $\sqrt[3]{2}$ über dem durch die Koordinaten der A_i bestimmten rationalen Zahlkörper $\mathfrak{K} = \mathfrak{K}_0$ keine Quadratwurzelgröße ist. (Vgl. § 23.)

2. Beispiel. Die Dreiteilung eines gegebenen Winkels φ. Die Aufgabe kann offenbar so formuliert werden: Gegeben die Punkte $(0, 0)$, $(1, 0)$, $(\cos\varphi,\ \sin\varphi)$. Gesucht der Punkt $\left(\cos\frac{\varphi}{3}, \sin\frac{\varphi}{3}\right)$. Der durch die gegebenen Punkte

bestimmte Körper $\mathfrak{K}$ entsteht aus dem Körper $\mathfrak{K}_0$ der rationalen Zahlen durch Hinzunahme von cos φ und sin φ. In § 23 wird gezeigt werden, daß (von Ausnahmefällen abgesehen) $\cos\frac{\varphi}{3}$ über $\mathfrak{K}$ keine Quadratwurzelgröße ist. Die Dreiteilung eines gegebenen Winkels φ mit Zirkel und Lineal ist also im allgemeinen unmöglich.

3. Beispiel. Es soll ein Quadrat konstruiert werden, das zu einem gegebenen Kreise flächengleich ist. („Quadratur des Kreises"). Setzen wir den Radius des gegebenen Kreises der Einfachheit halber gleich 1, so wird sein Inhalt gleich π, die Seitenlänge des gesuchten Quadrats dementsprechend gleich $\sqrt{\pi}$, wobei $\pi = 3{,}14159\ldots$ die bekannte „Ludolfsche Zahl" bedeutet. Es handelt sich also offenbar um die Frage: Ist π über dem rationalen Zahlkörper $\mathfrak{K}_0$ Quadratwurzelgröße oder nicht? — Lindemann hat 1890 bewiesen, daß π überhaupt keiner algebraischen Gleichung mit rationalen Beiwerten genügt, und daraus folgt sofort, daß die Quadratur des Kreises mit Zirkel und Lineal unmöglich ist.

4. Beispiel. Kann das einem gegebenen Kreis einbeschriebene reguläre n-Eck mit Zirkel und Lineal konstruiert werden? Es sei (0, 0) der Mittelpunkt, 1 der Radius des gegebenen Kreises, eine Ecke des zu konstruierenden Vielecks möge in den Punkt (1, 0) gelegt werden. Dann haben die übrigen Vieleckspunkte die Koordinaten $\left(\cos\frac{2k\pi}{n}, \sin\frac{2k\pi}{n}\right)$ mit $k = 1, 2, \ldots n-1$. Es ist also zu untersuchen, für welche Werte von n die Zahlen $\cos\frac{2k\pi}{n}$, $\sin\frac{2k\pi}{n}$ $(k = 1, \ldots n-1)$ Quadratwurzelgrößen über dem rationalen Zahlkörper $\mathfrak{K}_0$ darstellen. Die Lösung des Problems findet sich in der berühmten Gaußschen Kreisteilungstheorie, mit der wir uns in Abschnitt V ausführlich beschäftigen werden.

§ 17. Einheitswurzeln. Binomische Gleichungen

Bekanntlich kann man sich die Menge aller komplexen Zahlen dadurch geometrisch veranschaulichen, daß man in der Ebene rechtwinklige Koordinaten x, y einführt, und der komplexen Zahl $\alpha = a + ib$ den Punkt (a, b) zuordnet. a, b können unter diesem Gesichtspunkt kurz als die rechtwinkligen Koordinaten von α bezeichnet werden. Als Polarkoordinaten von α dagegen sind die Größen $|\alpha| = \sqrt{a^2 + b^2}$, $\varphi = \text{arc cos} \frac{a}{|\alpha|} = \text{arc sin} \frac{b}{|\alpha|}$ anzusehen. $|\alpha|$, der „absolute Betrag von α" ist nichts anderes als der Abstand des Punktes $A = (a, b)$ vom Koordinatenursprung $O = (0, 0)$. Der „Polarwinkel" φ dagegen ist der Winkel, den der Strahl $\overrightarrow{OA}$ mit der positiven reellen Achse (d. h. mit der positiven x-Achse) bildet. — Vgl. Zeichnung 3.

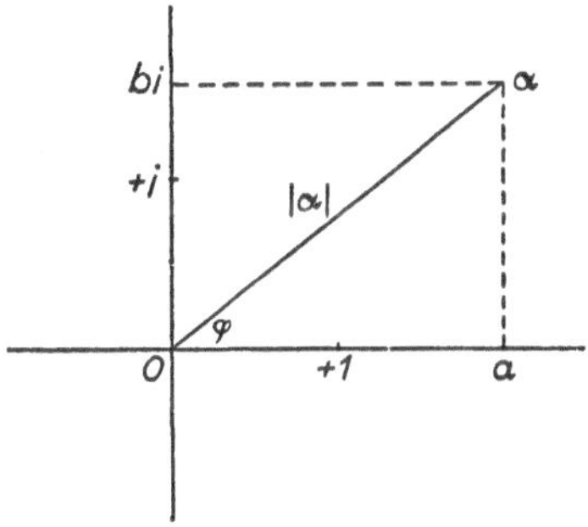

Zeichnung 3.

Bezeichnet man wie üblich mit $\bar{\alpha}$ die zu $\alpha = a + ib$ „konjugiert komplexe Zahl" $a - ib$, so wird $\alpha \cdot \bar{\alpha} = |\alpha|^2$. Aus der Definition von $|\alpha|$ und φ folgt sofort: $\alpha = |\alpha| \cdot (\cos \varphi + i \sin \varphi)$. Für $\cos \varphi + i \sin \varphi$ schreiben wir im folgenden kurz $e^{i\varphi}$, ohne aber im übrigen von der Theorie der Exponentialfunktion irgendwie Gebrauch zu machen. Ist $\alpha = |\alpha| \cdot e^{i\varphi}$, $\beta = |\beta| \cdot e^{i\psi}$, so ergibt sich aus den Additionstheoremen von Sinus und Cosinus unmittelbar:

$$(1) \quad \alpha \cdot \beta = (|\alpha| \cdot |\beta|) \cdot e^{i(\varphi+\psi)}; \; \alpha : \beta = (|\alpha| : |\beta|) \cdot e^{i(\varphi-\psi)}.$$

Bei der Multiplikation (Division) komplexer Zahlen sind

also die absoluten Beträge zu multiplizieren (dividieren), die Polarwinkel zu addieren (subtrahieren). Den Polarwinkel messen wir im folgenden stets im natürlichen Bogenmaß. Der Vollwinkel wird also gleich 2π gesetzt, und es werden zwei Winkel als nicht verschieden angesehen, wenn ihre Differenz gleich einem ganzzahligen (positiven oder negativen) Vielfachen von 2π ist.

Mit Hilfe der Formel (1) kann man die n Lösungen der Gleichung $x^n - 1 = 0$, die n „n-ten Einheitswurzeln" $\varepsilon_0, \varepsilon_1, \ldots \varepsilon_{n-1}$ mühelos bestimmen. Bei geeigneter Numerierung wird offenbar

$$(2) \quad \varepsilon_k = \cos\frac{2k\pi}{n} + i\sin\frac{2k\pi}{n} = e^{\frac{2\pi ik}{n}} \quad (k = 0, 1, \ldots n-1).$$

Die Punkte, die in der komplexen Zahlenebene den ε_k entsprechen, bilden also auf dem Kreis mit dem Mittelpunkt O und dem Radius 1 die Ecken eines regulären n-Ecks. — Mit der algebraischen Theorie der Einheitswurzeln werden wir uns in Abschnitt V ausführlich beschäftigen. Hier sollen einige einfache Grundeigenschaften besprochen werden, die mühelos aus der „transzendenten" (d. h. die „transzendenten" Funktionen Sinus und Cosinus benützenden) Darstellung (2) entnommen werden können.

Ist t der gr. g. T. von k und n, und wird $n = t \cdot n'$ gesetzt, so ist $\varepsilon_k^{n'} = \left(e^{\frac{2\pi ik}{n}}\right)^{n'} = 1$, und aus $\varepsilon_k^m = 1$ folgt $m \equiv 0(n')$. Denn es wird ja $\varepsilon_k^m = e^{\frac{2\pi ikm}{n}}$ dann und nur dann gleich 1, wenn $\frac{k \cdot m}{n}$ ganz, also $k \cdot m$ durch n teilbar ist. Die Teilbarkeit von $k \cdot m$ durch n ist aber gleichwertig mit der Teilbarkeit von m durch n'. — Nennen wir, wie üblich, die Einheitswurzel ε_k **primitiv**, wenn n der kleinste Exponent μ ist, für den $\varepsilon_k^\mu = 1$ wird, so ergibt sich unmittelbar:

$\varepsilon_k = e^{\frac{2\pi i k}{n}}$ ist dann und nur dann primitiv, wenn k zu n teilerfremd ist; insbesondere stellt ε_1 stets eine primitive n-te Einheitswurzel dar. — Ist $n = p$ eine Primzahl, so sind die $p - 1$ Einheitswurzeln $\varepsilon_1, \varepsilon_2, \ldots, \varepsilon_{p-1}$ primitiv. — Ist allgemeiner $n = p^f$ eine Primzahlpotenz, so ist ε_k dann und nur dann primitiv, wenn k durch p unteilbar ist; es gibt also im ganzen $p^f - p^{f-1} = p^{f-1} \cdot (p-1)$ verschiedene primitive p^f-te Einheitswurzeln.

Aus $\varepsilon^l = \varepsilon^m$ $(0 < l < m \leqq n)$ folgt $\varepsilon^{m-l} = 1$ $(0 < m - l < n)$. Bei einer primitiven n-ten Einheitswurzel ε müssen also die Potenzen $\varepsilon, \varepsilon^2, \ldots, \varepsilon^n$ alle verschieden sein. Da gleichzeitig mit ε stets auch ε^r $(r = 2, 3, \ldots)$ eine n-te Einheitswurzel darstellt, erhält man somit den Satz:

Ist ε eine primitive n-te Einheitswurzel, so umfaßt die Reihe $\varepsilon, \varepsilon^2, \ldots \varepsilon^{n-1}, \varepsilon^n = \varepsilon^0 = 1$ die sämtlichen n-ten Einheitswurzeln.

Es sei ferner $n = l \cdot m$, wobei l und m teilerfremd sind, und es werde $\eta = e^{\frac{2\pi i}{l}}$, $\vartheta = e^{\frac{2\pi i}{m}}$, $\varepsilon_k = e^{\frac{2\pi i k}{n}}$ gesetzt. Nach einem elementaren zahlentheoretischen Satz gilt nun eine Gleichung $1 = c \cdot l + d \cdot m$, und daraus folgt sofort $\varepsilon_k = e^{\frac{2\pi i \cdot k}{l \cdot m}} = e^{\frac{2\pi i \cdot d \cdot k}{l}} \cdot e^{\frac{2\pi i \cdot c \cdot k}{m}} = \eta^{d \cdot k} \cdot \vartheta^{c \cdot k}$, d. h. jede n-te Einheitswurzel läßt sich als Produkt einer l-ten und einer m-ten Einheitswurzel darstellen. Durch mehrmalige Anwendung dieser Bemerkung kommt man mühelos zu dem Satz: *Es sei $n = p_1^{f_1} \cdot \ldots \cdot p_s^{f_s}$ die Zerlegung von n in paarweise teilerfremde Primzahlpotenzen. Dann besitzt jede n-te Einheitswurzel ε eine Produktzerlegung $\varepsilon = \varepsilon^{(1)} \cdot \ldots \cdot \varepsilon^{(s)}$, bei der $\varepsilon^{(\nu)}$ jeweils eine geeignete $p_\nu^{f_\nu}$-te Einheitswurzel darstellt.*

Dieses Ergebnis ist vor allem für Abschnitt V wichtig, weil es uns dort gestattet, die Untersuchung im wesentlichen auf p^f-te Einheitswurzeln (p Primzahl) zu beschränken. — Wir wenden uns jetzt zur Betrachtung der allgemeinen „binomischen Gleichung“

$$x^n - u = 0. \tag{3}$$

Sind ξ_1 und ξ_2 zwei Lösungen von (3), so wird $\left(\frac{\xi_1}{\xi_2}\right)^n = \frac{u}{u} = 1.$ Das heißt aber: Man erhält alle Lösungen $\xi_1, \ldots \xi_n$ von (3), wenn man eine feste Lösung ξ mit den n-ten Einheitswurzeln $\varepsilon_0, \ldots \varepsilon_{n-1}$ multipliziert: $\xi_k = \xi \cdot \varepsilon_k$ $(k = 0, \ldots n-1)$. Ist ferner $u = \alpha = |\alpha| \cdot e^{i\varphi}$ eine komplexe Zahl, so ist eine spezielle Lösung von (3) gegeben durch $\xi = \sqrt[n]{|\alpha|} \cdot e^{i\frac{\varphi}{n}}$, wobei $\sqrt[n]{|\alpha|}$ die positive n-te Wurzel aus der positiven Zahl $|\alpha|$ bedeutet. In diesem Falle können also die n Lösungen

$$\xi_k = \sqrt[n]{|\alpha|} \cdot e^{\frac{i(\varphi+2k\pi)}{n}} \quad (k = 0, \ldots n-1) \tag{4}$$

von (3) unmittelbar hingeschrieben werden.

Unter diesen Umständen ist es nicht zu verwundern, daß die binomischen Gleichungen lange Zeit als die Gleichungsnormalformen angesehen wurden, und daß dementsprechend die Zurückführung einer beliebigen algebraischen Gleichung auf binomische Hilfsgleichungen für das Grundproblem der algebraischen Gleichungstheorie galt[1]). Daß eine derartige Reduktion bei der allgemeinen Gleichung dritten und vierten Grades möglich ist, wird in den nächsten Paragraphen gezeigt

[1]) Statt von der „Zurückführung auf binomische Hilfsgleichungen“ spricht man gewöhnlich von der „Auflösung durch Wurzelzeichen“ oder „durch Radikale“. Die Auflösung der Gleichung dritten und vierten Grades durch Radikale war die erste große Leistung der modernen Mathematik; vgl. § 22. Nach diesem Erfolg war es verständlich, daß man sich jahrhundertelang abmühte, auch die allgemeine Gleichung fünften Grades in entsprechender Weise zu lösen. Erst Abel hat die Aussichtslosigkeit dieses Versuchs gezeigt; vgl. § 38.

werden. Doch sei bereits hier darauf hingewiesen, daß die einseitige Bevorzugung der binomischen Gleichungen dem von der modernen Algebra erreichten Standpunkt nicht mehr entspricht.

§ 18. Gleichung dritten Grades

Gegeben sei mit beliebigen Beiwerten die Gleichung

$$(1) \qquad x^3 + ax^2 + bx + c = 0.$$

Indem man $y = x + \frac{a}{3}$ an Stelle von x einführt, kommt man zu einer neuen Gleichung

$$(2) \qquad y^3 + py + q = 0$$

$$\left(p = \frac{-a^2}{3} + b,\ q = \frac{2a^3}{27} - \frac{ab}{3} + c\right),$$

bei der der Beiwert der zweiten Potenz der Unbekannten gleich 0 ist. Zur Auflösung von (2) braucht man entweder tieferliegende theoretische Überlegungen oder einen geschickten, aber einigermaßen versteckten Kunstgriff. Wir wählen den Kunstgriff, und zwar benutzen wir die älteste, von Cardano bzw. Tartaglia (vgl. § 22) stammende Methode. Durch die Substitution $y = u + v$ gehen wir von (2) zu einer neuen Gleichung

$$(3) \qquad u^3 + 3u^2v + 3uv^2 + v^3 + pu + pv + q = u^3 + v^3 + q + (u + v)(3uv + p) = 0$$

über, und suchen dann u und v so zu bestimmen, daß einzeln

$$(4\text{a}) \qquad u^3 + v^3 + q = 0 \qquad (4\text{b}) \quad 3uv + p = 0$$

wird. Indem wir (4b) in der Form $3uv = -p$ schreiben und beide Seiten in die dritte Potenz erheben, kommen wir für u^3 und v^3 zu den Gleichungen:

$$(5\text{a}) \qquad u^3 + v^3 = -q \qquad (5\text{b}) \quad u^3v^3 = \frac{-p^3}{27}.$$

Aus (5a) und (5b) erhält man mühelos:

$$(6\text{a})\qquad u^3 = -\frac{q}{2} + \sqrt{\frac{q^2}{4} + \frac{p^3}{27}}$$

$$(6\text{b})\qquad v^3 = -\frac{q}{2} - \sqrt{\frac{q^2}{4} + \frac{p^3}{27}}$$

$$(7\text{a})\qquad u = \sqrt[3]{-\frac{q}{2} + \sqrt{\frac{q^2}{4} + \frac{p^3}{27}}}$$

$$(7\text{b})\qquad v = \sqrt[3]{-\frac{q}{2} - \sqrt{\frac{q^2}{4} + \frac{p^3}{27}}}.$$

Dabei sind in (7a) und (7b) die an und für sich nur bis auf eine Potenz von $\varepsilon = e^{\frac{2\pi i}{3}}$ eindeutig bestimmten dritten Wurzeln so festzulegen, daß nicht nur $u^3 v^3 = -\frac{p^3}{27}$, sondern sogar $uv = \frac{-p}{3}$ wird. Denken wir uns diese Festlegung irgendwie getroffen, so besitzt das Gleichungssystem (4a), (4b) wegen $\varepsilon^3 = 1$ außer der einen Lösung u, v offenbar noch die beiden weiteren Lösungen εu, $\varepsilon^2 v$ und $\varepsilon^2 u$, εv. Für (2) bzw. (1) erhält man also die folgenden drei, im allgemeinen verschiedenen Lösungen:

$$(8)\qquad y_1 = u + v,\; y_2 = \varepsilon u + \varepsilon^2 v,\; y_3 = \varepsilon^2 u + \varepsilon v,$$

$$(9)\qquad x_1 = y_1 - \frac{a}{3},\; x_2 = y_2 - \frac{a}{3},\; x_3 = y_3 - \frac{a}{3}.$$

Die Diskriminante $d = ((x_1 - x_2)\cdot(x_1 - x_3)\cdot(x_2 - x_3))^2$ von (1) ist offenbar gleich der Diskriminante $((y_1 - y_2)\cdot(y_1 - y_3)\cdot(y_2 - y_3))^2$ von (2), und eine nicht allzu schwierige Rechnung liefert für d, u, v die Darstellungen:

$$(10)\qquad d = -4p^3 - 27q^2;$$

$$(11)\quad u = \sqrt[3]{-\frac{q}{2} + \sqrt{\frac{-d}{108}}},\quad v = \sqrt[3]{-\frac{q}{2} - \sqrt{\frac{-d}{108}}}.$$

Nach § 6 wird nämlich d wegen $y_1 + y_2 + y_3 = 0$ ein Polynom in $p = y_1 y_2 + y_1 y_3 + y_2 y_3$ und $q = -y_1 y_2 y_3$, also eine Linearkombination von gewissen Potenzprodukten $p^l \cdot q^m$. Aus der Tatsache, daß d eine homogene Form 6. Grades in y_1, y_2, y_3 ist, folgt weiter, daß auch jeder Term $p^l \cdot q^m$ eine Form 6. Grades sein muß. D. h. aber, es wird $d = \xi \cdot p^3 + \eta \cdot q^2$. Betrachtet man schließlich speziell $y^3 - 1$ ($p = 0$, $q = -1$; $y_1 = 1$, $y_2 = \varepsilon$, $y_3 = \varepsilon^2$) und $y^3 - y$ ($p = -1$, $q = 0$, $y_1 = 0$, $y_2 = 1$, $y_3 = -1$), so findet man durch explizite Berechnung von d sofort: $\eta = -27$, $\xi = -4$. Führt man $i\sqrt{3} = \varepsilon - \varepsilon^2$ ein, so kann man statt (11) auch schreiben:

$$(12)\quad u = \sqrt[3]{-\frac{q}{2} + \frac{\varepsilon - \varepsilon^2}{18}\sqrt{d}},\quad v = \sqrt[3]{-\frac{q}{2} - \frac{\varepsilon - \varepsilon^2}{18}\sqrt{d}}.$$

Wir betrachten nun eine Gleichung (1) mit reellen Beiwerten. Dann bestehen zwei Möglichkeiten:

a) Die Wurzeln x_1, x_2, x_3 von (1) sind alle reell. In diesem Falle wird offenbar $d = ((x_1 - x_2) \cdot (x_1 - x_3) \cdot (x_2 - x_3))^2 \geqq 0$, und es sind, wie aus (11) zu ersehen, die Hilfsgrößen u, v im Falle $d \neq 0$ komplex. (Wegen der Realität von $u + v$ natürlich konjugiert.)

b) Es ist eine Wurzel, etwa $x_1 = r$, reell, während die beiden anderen Wurzeln konjugiert komplex sind, $x_2 = s + it$, $x_3 = \bar{x}_2 = s - it$ (s, t reell, $t \neq 0$). Dann wird $d = ((r - s - it) \cdot (r - s + it) \cdot 2it)^2 = -4t^2 \cdot ((r - s)^2 + t^2)^2 < 0$, und es können und müssen bei der Darstellung der reellen Wurzel $y_1 = u + v$ die Hilfsgrößen u, v reell gewählt werden.

Außer dem auf die Hilfsgrößen u, v bezüglichen Ergebnis haben wir also den Satz gewonnen:

Eine Gleichung (1) *mit reellen Beiwerten hat eine oder drei* (*im letzteren Fall nicht notwendig durchweg verschiedene*) *reelle Lösungen, je nachdem ob* $d < 0$ *oder* $d \geqq 0$ *ist.*

§ 19. Trigonometrische Behandlung des „casus irreducibilis"

Wir betrachten eine kubische Gleichung (2) $y^3 + py + q = 0$, mit reellen Beiwerten und positiver Diskriminante d. Nach § 18 wird durch die „Cardanische Formel" (8) jede der drei reellen Wurzeln von (2) als Summe von zwei konjugiert komplexen Summanden dargestellt. In einer Zeit, in der das Rechnen mit den komplexen Zahlen noch gar nicht bekannt oder auch nur noch nicht einwandfrei begründet war, mußte dieses Verhalten als ein Versagen der Cardanischen Formel gedeutet werden, und dieser Auffassung entspricht die noch heute übliche Bezeichnung „casus irreducibilis" für den Fall einer kubischen Gleichung mit reellen Beiwerten und positiver Diskriminante.

Heute bedeutet die Darstellung einer reellen Zahl durch zwei konjugiert komplexe Summanden in keiner Weise mehr etwas besonders Merkwürdiges, und man wird höchstens fragen, ob es nicht möglich ist, bei drei reellen Wurzeln der Cardanischen Formel eine andere Formel an die Seite zu stellen, bei der mindestens eine der drei Wurzeln ausschließlich durch reelle Hilfsgrößen ausgedrückt wird. Die Antwort lautet verneinend, wenn man als Hilfsgrößen nur „Radikale" (also Wurzeln von binomischen Gleichungen) beliebigen Grades zuläßt. Leider verbietet es der Platzmangel, auf den im Grundgedanken nicht schwierigen Beweis näher einzugehen. Dagegen zeigen wir jetzt durch eine einfache Umformung der Cardanischen Formel:

Die Wurzeln der kubischen Gleichung $y^3 + py + q = 0$ können im Falle $d > 0$ in der reellen Gestalt

$$(1) \qquad y_1 = 2\sqrt{\frac{-p}{3}}\cos\frac{\varphi}{3}, \quad y_2 = 2\sqrt{\frac{-p}{3}}\cos\frac{2\pi+\varphi}{3}, \quad y_3 = 2\sqrt{\frac{-p}{3}}\cos\frac{4\pi+\varphi}{3}$$

dargestellt werden, wobei $\cos\frac{\varphi}{3}$, $\cos\frac{2\pi+\varphi}{3}$, $\cos\frac{4\pi+\varphi}{3}$

die drei Nullstellen der folgenden „Winkeldrittelungsgleichung“ sind:

$$(2)\qquad 4z^3 - 3z = \cos\varphi = \frac{-q}{2\sqrt{\frac{-p^3}{27}}}\,.$$

Setzt man nämlich $-\frac{q}{2} + i\sqrt{\frac{d}{108}} = r\cdot(\cos\varphi + i\sin\varphi)$,

so ergibt sich sofort

$$u = \sqrt[3]{r\cdot(\cos\varphi + i\sin\varphi)} = \sqrt[3]{r}\left(\cos\frac{\varphi}{3} + i\cdot\sin\frac{\varphi}{3}\right),$$

$$\varepsilon\cdot u = \sqrt[3]{r}\cdot\left(\cos\frac{2\pi+\varphi}{3} + i\sin\frac{2\pi+\varphi}{3}\right),$$

$$\varepsilon^2\cdot u = \sqrt[3]{r}\left(\cos\frac{4\pi+\varphi}{3} + i\sin\frac{4\pi+\varphi}{3}\right),$$

und daraus folgt weiter:

$$y_1 = u + \bar{u} = 2\cdot\sqrt[3]{r}\cdot\cos\frac{\varphi}{3},\ y_2 = \varepsilon u + \overline{\varepsilon u} = 2\cdot\sqrt[3]{r}\cdot\cos\frac{2\pi+\varphi}{3},$$

$y_3 = \varepsilon^2\cdot u + \overline{\varepsilon^2\cdot u} = 2\cdot\sqrt[3]{r}\cdot\cos\frac{4\pi+\varphi}{3}$. Andererseits findet man

für r bzw. $\cos\varphi$ sofort den Wert $\sqrt{\frac{-p^3}{27}}$ bzw. $\frac{-q}{2\sqrt{\frac{-p^3}{27}}}$, und

daß für $z = \cos\frac{2k\pi+\varphi}{3}$ $(k = 0, 1, 2)$ die Gleichung (2) gilt,

folgt unmittelbar aus dem Additionstheorem des Cosinus.

Formel (1) heißt die „trigonometrische“ Lösung der kubischen Gleichung (2) in § 18 mit positiver Diskriminante. Algebraisch ist sie vor allem deshalb bemerkenswert, weil sich hier an einem einfachen Beispiel zeigt, daß es mitunter zweckmäßig sein kann, neben den „Radikalen“, also den Wurzeln der binomischen Gleichungen, auch die Nullstellen von andern Gleichungstypen einfacher Art (in unserm Fall der Winkelteilungsgleichungen) als „Normalhilfsgrößen“ bei der Auflösung gegebener Gleichungen zu verwenden.

§ 20. Auflösung der Gleichung vierten Grades

Die Auflösung der Gleichung vierten Grades

(1) $$x^4 - a_1 x^3 + a_2 x^2 - a_3 x + a_4 = \prod_1^4 (x - \alpha_i) = 0$$

kann auf die Lösung einer Hilfsgleichung („Resolvente") dritten Grades zurückgeführt werden, und zwar in einfachster und durchsichtigster Weise dadurch, daß man aus den Wurzeln α_i von (1) die Linearverbindungen

(2) $$\beta_1 = \alpha_1 + \alpha_2 - \alpha_3 - \alpha_4,\quad \beta_2 = \alpha_1 - \alpha_2 + \alpha_3 - \alpha_4,\quad \beta_3 = \alpha_1 - \alpha_2 - \alpha_3 + \alpha_4$$

bildet. Man sieht dann sofort: Bei irgend einer Vertauschung von $\alpha_1, \alpha_2, \alpha_3, \alpha_4$ vertauschen sich $\beta_1^2, \beta_2^2, \beta_3^2$ nur untereinander. Die symmetrischen Funktionen

(3) $$b_1 = \beta_1^2 + \beta_2^2 + \beta_3^2,\quad b_2 = \beta_1^2\beta_2^2 + \beta_1^2\beta_3^2 + \beta_2^2\beta_3^2,\quad b_3 = \beta_1^2\beta_2^2\beta_3^2$$

von $\beta_1^2, \beta_2^2, \beta_3^2$ sind also auch symmetrische Funktionen von $\alpha_1, \alpha_2, \alpha_3, \alpha_4$ also nach § 6 bzw. § 9 Polynome in a_1, a_2, a_3, a_4. Die praktische Berechnung der Polynomdarstellung der b_i durch die a_k wird am besten in ähnlicher Weise durchgeführt wie die Berechnung von d in § 18. Man beachte, daß b_k eine homogene Funktion $2\cdot k$-ten Grades in $\alpha_1, \cdots \alpha_4$ ist. Im praktisch wichtigsten Spezialfall einer Gleichung $x^4 + a_2 x^2 - a_3 x + a_4 = 0$ (also für $a_1 = 0$) erhält man: $b_1 = 8a_2$, $b_2 = 16a_2^2 - 64a_4$, $b_3 = -64a_3^2$. — Löst man die kubische Resolvente von (1):

(4) $$y^3 - b_1 y^2 + b_2 y - b_3 = 0$$

und zieht man anschließend aus den erhaltenen Werten die Quadratwurzeln, so hat man damit $\beta_1, \beta_2, \beta_3$. Setzt man ferner noch

(5) $$\beta_0 = \alpha_1 + \alpha_2 + \alpha_3 + \alpha_4 = a_1$$

so ergibt sich aus (2) und (5) sofort

(6) $$4\alpha_1 = \beta_0 + \beta_1 + \beta_2 + \beta_3,\quad 4\alpha_2 = \beta_0 + \beta_1 - \beta_2 - \beta_3,$$
$$4\alpha_3 = \beta_0 - \beta_1 + \beta_2 - \beta_3,\quad 4\alpha_4 = \beta_0 - \beta_1 - \beta_2 + \beta_3.$$

Damit ist (1) bereits gelöst. Nur ein Punkt muß noch genauer besprochen werden: Sind η und ζ zwei beliebige Wurzeln von (4), so kann man offenbar bei beliebiger Festlegung der Vorzeichen der Quadratwurzeln $\beta_1 = \sqrt{\eta}, \beta_2 = \sqrt{\zeta}$ setzen. Dadurch werden nur die — an sich gleichgültigen — Nummern der Wurzeln von (1) festgelegt. (α_1 ist diejenige Wurzel von (1), die sowohl bei der Darstellung von $\sqrt{\eta}$ als auch bei der Darstellung von $\sqrt{\zeta}$ durch die α_i mit positivem Vorzeichen auftritt usw.). Durch die Setzung $\beta_1 = \sqrt{\eta}, \beta_2 = \sqrt{\zeta}$ ist aber dann ersichtlich β_3 einschließlich des Vorzeichens eindeutig bestimmt, es muß sich also β_3 ohne weitere Auszeichnung einer Quadratwurzel rational durch β_1, β_2 und die Beiwerte a_i von (1) ausdrücken lassen. Tatsächlich ist $\beta_1 \cdot \beta_2 \cdot \beta_3$ ersichtlich eine symmetrische Funktion von $\alpha_1, \alpha_2, \alpha_3, \alpha_4$, und man erhält, wie leicht nachzuprüfen:

$$\beta_1 \cdot \beta_2 \cdot \beta_3 = a_1^3 - 4a_1 a_2 + 8a_3. \tag{7}$$

Damit ist auch das Problem der Festlegung der Quadratwurzelvorzeichen erledigt, und wir haben gleichzeitig das abschließende Resultat gewonnen: Zur Lösung der Gleichung (1) vom vierten Grade hat man — von rationalen Rechenoperationen abgesehen — die kubische Resolvente (4) völlig zu lösen und anschließend zwei Quadratwurzeln zu ziehen.

Andere Möglichkeiten der Ableitung der kubischen Resolvente, vor allem ein bemerkenswerter auf Descartes zurückgehender Ansatz, können aus Platzmangel nicht behandelt werden. Hier sei nur noch darauf hingewiesen, daß man in ganz analoger Weise wie beim Grad 3 aus einer allgemeinen Gleichung vierten Grades mit $a_1 \neq 0$ durch die Substitution

$$x = y + \frac{a_1}{4} \tag{8}$$

sofort eine neue Gleichung $y^4 + a_2' y^2 - a_3' y + a_4' = 0$ herleiten kann, bei der der Beiwert von y^3, also die Wurzelsumme gleich 0 ist. Aus diesem Grunde konnte oben gelegentlich der Fall der verschwindenden Wurzelsumme als der „praktisch wichtigste Spezialfall" bezeichnet werden.

§ 21. Zwei quadratische Gleichungen in zwei Unbekannten

Den Ergebnissen von § 15 entsprechend betrachten wir der Einfachheit halber gleich ein homogenes Gleichungssystem

$$(1)\quad \begin{aligned} R(x_1, x_2, x_3) &= a_{11}x_1^2 + 2a_{12}x_1x_2 + \dots + a_{33}x_3^2 = 0 \\ Q(x_1, x_2, x_3) &= b_{11}x_1^2 + 2b_{12}x_1x_2 + \dots + b_{33}x_3^2 = 0 \end{aligned}$$

Der inhomogene Fall braucht dann nicht mehr besonders diskutiert zu werden, da er sich genau so auf den homogenen Fall zurückführen läßt wie in § 15. Die von uns behandelte Lösungsmethode ist vor allem deshalb von Interesse, weil sie sich geometrisch deuten läßt. (Vgl. die Kleindruckbemerkungen weiter unten). Die Möglichkeiten, daß $Q(x_1, x_2, x_3)$ und $R(x_1, x_2, x_3)$ proportional sind oder einen gemeinsamen Faktor ersten Grades besitzen, die auf unendlich viele wesentlich verschiedene Lösungen führen, sollen ausgeschlossen sein. Ist nun etwa $R(x) = l_1(x) \cdot l_2(x)$ in zwei Linearformen zerlegbar, so zerfällt (1) in die beiden Systeme

$$(2)_i\quad \begin{aligned} &Q(x_1, x_2, x_3) = 0 \\ &R(x_1, x_2, x_3) = l_i(x_1, x_2, x_3) = 0 \quad (i = 1, 2) \end{aligned}$$

Da jedes der Systeme $(2)_i$ im wesentlichen genau zwei, eventuell zusammenfallende Lösungen besitzt, ergeben sich für (1) im wesentlichen vier Lösungen, die in Spezialfällen in wohldefinierter Weise alle oder teilweise zusammenfallen können. (Ist z. B. $x_i = \xi_i$ $(i = 1, 2, 3)$ doppelt zählende Lösung von $(2)_1$, einfach zählende Lösung von $(2)_2$, so ist $x_i = \xi_i$ dreifache Lösung von (1) usw.). — Um nun ein allgemeines System (1) auf ein spezielles der bereits erledigten Art zurückzuführen, beweisen wir den folgenden

Zerlegungssatz: Die quadratische Form $P(x_1, x_2, x_3) = c_{11}x_1^2 + 2c_{12}x_1x_2 + \dots + c_{33}x_3^2$ zerfällt dann (und nur dann) in zwei Linearfaktoren $P(x_1, x_2, x_3) = l_1(x_1, x_2, x_3) \cdot l_2(x_1, x_2, x_3)$, wenn das Gleichungssystem

$$
(3)\qquad \begin{aligned}
d_1(x_1, x_2, x_3) &= c_{11}x_1 + c_{12}x_2 + c_{13}x_3 = 0 \\
d_2(x_1, x_2, x_3) &= c_{21}x_1 + c_{22}x_2 + c_{23}x_3 = 0 \\
d_3(x_1, x_2, x_3) &= c_{31}x_1 + c_{32}x_2 + c_{33}x_3 = 0
\end{aligned}
$$

nichttrivial lösbar ist. $c_{ik} = c_{ki}$ —

Es sei nämlich etwa ξ_1, ξ_2, ξ_3 eine nichttriviale Lösung von (3), wobei etwa $\xi_3 \neq 0$, und es werde $x_i = \xi_i y_3 - \xi_3 y_i (i = 1, 2)$; $x_3 = \xi_3 y_3$ gesetzt. Dann zeigt eine leichte Nachrechnung, daß $P(x_1, x_2, x_3) = S(y_1, y_2)$ eine quadratische Binärform in y_1, y_2 wird. Eine solche Binärform läßt sich aber (ebenso wie ein quadratisches Polynom in einer Variabeln) unter Erweiterung des Beiwertkörpers durch eine Quadratwurzel stets in zwei Linearfaktoren zerlegen, und indem man nachträglich y_1, y_2 wieder durch x_1, x_2, x_3 ausdrückt, $(y_i = \xi_3^{-2} \xi_i\, x_3 - \xi_3^{-1}\, x_i)$, so erhält man: $P(x_1, x_2, x_3) = l_1'(y_1, y_2) \cdot l_2'(y_1, y_2) = l_1(x_1, x_2, x_3) \cdot l_2(x_1, x_2, x_3)$. — Die Ausnützung des Zerlegungssatzes ermöglicht uns ein einfacher, hier als bekannt vorausgesetzter Hilfssatz aus der Determinantentheorie[1]). Das System (3) hat dann und nur dann eine (mühelos rational aus 2 der gegebenen Gleichungen berechenbare) nichttriviale Lösung, wenn für die Determinante

$$
(4)\qquad \begin{aligned}
|\, c_{ik} \,| = c_{11}\, c_{22}\, c_{33} - c_{11}c_{23}c_{32} + c_{12}c_{23}c_{31} - c_{12}c_{21}c_{33} \\
+ c_{13}c_{21}c_{32} - c_{13}c_{22}c_{31} = 0
\end{aligned}
$$

gilt. Ist nun ein System (1) gegeben, bei dem weder $Q(x)$ noch $R(x)$ in Linearfaktoren zerfallen, so bilden wir ein mit (1) gleichwertiges System

$$
(5)\qquad Q(x_1, x_2, x_3) = 0;\ R(x_1, x_2, x_3) + \varrho \cdot Q(x_1, x_2, x_3) = 0
$$

und bestimmen dabei ϱ so, daß die zu $R(x) + \varrho \cdot Q(x)$ gehörige Determinante $|\, a_{ik} + \varrho \cdot b_{ik} \,|$ verschwindet. Das ist stets möglich, denn die Ausrechnung zeigt, daß $|\, a_{ik} + \varrho \cdot b_{ik} \,| = A_0 \varrho^3 + A_1 \varrho^2 + A_2 \varrho + A_3$ ein Polynom dritten Grades in ϱ

[1]) H. Hasse, Höhere Algebra I: Lineare Gleichungen, Abschnitt IV, § 22.

darstellt, bei dem der Beiwert A_0 gleich der wegen des Nichtzerfallens von $Q(x)$ sicher von 0 verschiedenen Determinante $|b_{ik}|$ ist. $R(x_1, x_2, x_3) + \varrho \cdot Q(x_1, x_2, x_3)$ kann weder zu $Q(x_1, x_2, x_3)$ proportional sein, noch mit $Q(x_1, x_2, x_3)$ einen Linearfaktor gemein haben, weil sonst das gleiche gegen Voraussetzung für $R(x_1, x_2, x_3)$ gelten müßte. Wir können daher das mit (1) äquivalente System (5) in der zu Beginn des Paragraphen beschriebenen Weise lösen, und erhalten dann das abschließende Resultat:

Abgesehen von den Ausnahmefällen, daß $Q(x_1, x_2, x_3)$ und $R(x_1, x_2, x_3)$ proportional sind oder einen gemeinsamen Linearfaktor haben, besitzt das System (1) vier Lösungen, die bei spezieller Wahl der Beiwerte in wohldefinierter Weise alle oder teilweise zusammenfallen können. Zu ihrer Bestimmung hat man i. a. außer quadratischen Gleichungen eine Hilfsgleichung dritten Grades in einer Unbekannten zu lösen.

Allerdings ist zur Vielfachheitsbestimmung bei Zusammenfallen der Lösungen noch zu bemerken, daß diese bei uns von der Wahl des Systems (5), d. h. von der speziellen Wahl der Nullstelle ϱ des Polynoms $|a_{ik} + \varrho \cdot b_{ik}|$ abhängt. Es kann aber gezeigt werden, das es tatsächlich gleichgültig ist, welche der höchstens drei verschiedenen Nullstellen von $|a_{ik} + \varrho \cdot b_{ik}|$ wir benutzen. Doch ist dann eine sorgfältige Durchdiskussion aller Einzelfälle (am besten in geometrischer Veranschaulichung) nötig, die den Rahmen dieses Buches übersteigt. — Daß bei der Lösung von (1) eine Hilfsgleichung dritten Grades auftritt, ist nach den Ergebnissen von § 20 über die allgemeine Gleichung vierten Grades nicht weiter verwunderlich.

Die von uns benutzte Methode kann sehr anschaulich geometrisch gedeutet werden (vgl. die entsprechenden Ausführungen am Schluß von § 15). Bei der Lösung von (1) handelt es sich um die Bestimmung der Schnittpunkte zweier Kegelschnitte in der projektiven Ebene. Zerfällt nun etwa der zweite in ein Geradenpaar, so hat man die beiden Geraden einzeln mit dem ersten Kegelschnitt zu schneiden, d. h. man hat die spezielle Aufgabe, die wir zu Beginn des Paragraphen behandelten. Im allgemeinen Fall zweier nicht entarteter Kegelschnitte $Q(x_1, x_2, x_3) = 0$, $R(x_1, x_2, x_3) = 0$ aber lehrt die analytische Geometrie: $Q = 0$ und $R = 0$ haben 4, i. a. verschiedene Schnittpunkte A, B, C, D. Das durch $Q = 0$ und $R = 0$ bestimmte Kegelschnittbüschel $K_{Q,R}$, d. h. die Menge der Kegelschnitte, deren Gleichung sich in der Form $R + \varrho Q = 0$ darstellen läßt, besteht aus allen und nur den echten oder entarteten Kegelschnitten, die durch A, B, C, D hindurchgehen. $K_{Q,R}$ enthält nun im allgemeinen Fall offenbar genau drei Geradenpaare $\widehat{AB}, \widehat{CD}$; $\widehat{AC}, \widehat{BD}$; $\widehat{AD}, \widehat{BC}$ und die Auflösung von (1) nach der Methode des Textes kann so gedeutet werden: Man bestimmt einen der d r e i entarteten Kegelschnitte von $K_{Q,R}$, zerlegt ihn in seine Einzelgeraden und schneidet diese mit $Q = 0$.

Auch der Zerlegungssatz bzw. die bei seinem Beweis benutzte Methode der Faktorzerlegung läßt sich geometrisch veranschaulichen. Während bei einem echten Kegelschnitt alle Punkte einzeln zählen, besitzt ein Geradenpaar in Gestalt seines Scheitels einen Doppelpunkt. Die nichttriviale Lösbarkeit von (1) bedeutet nun gerade das Auftreten eines Doppelpunktes bei $P(x_1, x_2, x_3) = 0$ und durch die Einführung der y_i an Stelle der x_i erreicht man beim Beweise des Zerlegungssatzes, daß der Doppelpunkt die einfachen Koordinaten $y_1 = y_2 = 0$, $y_3 = 1$ erhält. —

Das von uns für das Gleichungssystem (1) gewonnene Theorem ist vor allem deshalb wichtig, weil es den einfachsten nichttrivialen Spezialfall eines allgemeinen Satzes über Formen $\varrho_i(x_1, \ldots, x_{n+1})$ von beliebigen Graden r_i $(i = 1, \ldots, n)$ in $n + 1$ Unbestimmten darstellt, der einerseits besagt, daß das Gleichungssystem $0 = \varrho_i(x_1, \ldots, x_{n+1})$ $(i = 1, \ldots, n)$ vom Ausnahmefall unendlich vieler wesentlich verschiedener Lösungen abgesehen im wesentlichen $r_1 \cdot r_2 \cdot \ldots \cdot r_n$ Lösungen besitzt, die bei spezieller Wahl der Beiwerte in wohldefinierter Weise alle oder teilweise zusammenfallen können. Natürlich geht dieser „v e r a l l g e m e i n e r t e B é z o u t s c h e - S a t z" weit über den Rahmen unseres Buches hinaus.

§ 22. Geschichtliche Bemerkungen

Die Auflösung der allgemeinen Gleichung dritten und vierten Grades durch Radikale bildet den Auftakt zur Entwicklung der gesamten modernen Mathematik. Italiener des 16. Jahrhunderts sind die Männer, deren Namen mit dieser ersten großen Leistung verknüpft sind. Die zweite selbständige Entdeckung der Auflösung der Gleichung dritten Grades wird Nikolaus Tartaglia (geb. Brescia um 1506, gest. Venedig 1559) zugeschrieben. (Über die Entdeckung durch Scipione del Ferro sind keine näheren Einzelheiten bekannt). — Tartaglia versäumte es, seine Ergebnisse rechtzeitig zu veröffentlichen. Er teilte vielmehr zunächst seine Entdeckung unter dem Siegel der Verschwiegenheit seinem damaligen Freunde, dem berühmten Arzt, Physiker, Mathematiker Geronimo Cardano (geb. Pavia 1501, gest. Rom 1576) mit. Cardano konnte der Versuchung nicht widerstehen, die Resultate Tartaglias (allerdings unter Namensnennung des Entdeckers) in seinem Lehrbuch „Artis magnae sive de regulis Algebrae liber unus" zu veröffentlichen (1539), ein Vertrauensbruch, der zu einem sehr häßlichen Streite mit Tartaglia führte, und der im übrigen die Ursache dafür ist, daß wir die Formeln (7), (8) von § 18 nach Cardano und nicht nach Tartaglia benennen. Doch können auch wirkliche Verdienste um die Theorie der Gleichungen dritten Grades dem Cardano nicht abgestritten werden. Er erkannte als erster die im Falle dreier reeller Wurzeln („casus irreducibilis") auftretenden Schwierigkeiten und zeigte bei ihrer Besprechung eine für seine Zeit höchst bemerkenswerte Vorahnung von der Bedeutung der komplexen Zahlen.

Die in § 18 besprochene Auflösungsmethode der Gleichung dritten Grades ist im wesentlichen die von Cardano bzw. Tartaglia. Eine andere Methode stammt von dem wissenschaftlich interessierten, schlesischen Adeligen E. W. v. Tschirnhausen (1651—1708), einem Freund des großen deutschen Philosophen und Mathematikers G. W. Leibniz (1646—1716), des Schöpfers der Differential- und Integralrechnung (neben Newton), der auch für algebraische Fragen lebhaft interessiert war.

Die Zurückführung der allgemeinen Gleichung vierten Grades auf eine Hilfsgleichung dritten Grades gelang zuerst einem Schüler Cardanos, Ferrari (1522—1565). — Von dem Franzosen René Descartes (geb. La Haye 1596, gest. Stockholm 1650), der bekanntlich nicht nur ein bahnbrechender Philosoph, sondern auch ein Mathematiker ersten Ranges (vor allem der Schöpfer der analytischen Geometrie) war, stammt der Gedanke, für die auf die Normalform $y^4 + py^2 + qy + r = 0$ gebrachte Gleichung vierten Grades eine Zerlegung in zwei quadratische Faktoren zu suchen, — ein Ansatz, auf den schon auf Seite 69 hingewiesen wurde.

Die in § 20 dieses Bandes zur Gewinnung der kubischen Resolvente benutzte Einführung von $\beta_1^2 = (\alpha_1 + \alpha_2 - \alpha_3 - \alpha_4)^2$ ist die Methode Leonhard Eulers (geb. Basel 1707, gest. Petersburg 1783), des großen Schweizer Mathematikers, der als ein Wissenschaftler von geradezu unglaublicher Vielseitigkeit und Fruchtbarkeit in der Mitte des 18. Jahrhunderts der anerkannte Führer der europäischen Mathematiker war. Der Eulersche Ansatz gehört im Vergleich zu dem von Descartes bereits einer fortgeschrittenen Stufe der Mathematik an. Bei Descartes handelt es sich noch um einen geschickten, ausschließlich auf den Einzelfall zugeschnittenen Kunstgriff. Bei Euler liegt eine spezielle Anwendung der allgemeinen, auch sonst von Euler mit Virtuosität gehandhabten „Methode der Resolventenbildung“ vor, mit der wir uns in § 26 ausführlich beschäftigen werden. Die Entwicklungen in § 20 weisen also gewissermaßen bereits über den elementaren Rahmen von Abschnitt III hinaus.

Abschnitt IV. Höhere Gleichungstheorie

§ 23. Der Körpergrad

Es sei $\mathfrak{K}$ ein beliebiger Körper mit den Elementen a, b, c usw., α eine Nullstelle eines unzerlegbaren Polynoms $p(x) = x^n + a_1 x^{n-1} + \ldots + a_n$ vom Grade n aus $\mathfrak{K}[x]$. $\mathfrak{K}(\alpha)$ sei der kleinste, das Element α enthaltende Oberkörper von $\mathfrak{K}$. Dann gehört zu $\mathfrak{K}(\alpha)$ jedenfalls der Bereich $\mathfrak{K}[\alpha]$ aller Polynome $c(\alpha) = c_m\alpha^m + c_{m-1}\alpha^{m-1} + \ldots + c_0$ mit Beiwerten c_i aus $\mathfrak{K}$, und es gilt dabei offenbar der Satz, daß dann und nur dann $c_1(\alpha) = c_2(\alpha)$, wenn $c_1(x) - c_2(x) = p(x) \cdot q(x)$, d. h. $c_1(x) \equiv c_2(x)\,(p(x))$. Das heißt aber: Bis auf eine unwesentliche Abweichung in der Bezeichnungsweise (α statt $\bar{x}$, $c(\alpha)$ statt $\overline{c(x)}$) ist hinsichtlich des rationalen Rechnens der Bereich $\mathfrak{K}[\alpha]$ identisch mit dem Restklassenring $\overline{\mathfrak{K}} = \mathfrak{K}[x] \mid p(x)$, sofern man bei $\overline{\mathfrak{K}}$ jede ein Element a aus $\mathfrak{K}$ enthaltende Restklasse geradezu mit a identifiziert. Nach § 7 stellt aber $\overline{\mathfrak{K}}$ bereits einen Körper dar, und wegen der Minimaleigenschaft von $\mathfrak{K}(\alpha)$ muß somit $\mathfrak{K}(\alpha) = \mathfrak{K}[\alpha]$ werden. Da ferner jedes Polynom $c(x)$ modulo $p(x)$ einem eindeutig bestimmten Polynom $c^*(x)$ höchstens $(n-1)$-ten Grades kongruent ist, haben wir den Satz: In $\mathfrak{K}(\alpha)$ läßt sich jedes Element γ eindeutig in der Gestalt $\gamma = c_{n-1}^{*}\alpha^{n-1} + \ldots + c_0^{*}$, d. h. als Linearform in $\alpha^{n-1}, \alpha^{n-2}, \ldots, 1$ mit Beiwerten aus $\mathfrak{K}$ darstellen.

Wir definieren jetzt allgemein: Ist $\mathfrak{L}$ ein Oberkörper von $\mathfrak{K}$ mit den Elementen $\alpha, \beta, \gamma, \ldots$, so sollen m Elemente $\alpha_1, \ldots, \alpha_m$ aus $\mathfrak{L}$ „über $\mathfrak{K}$ linear abhängig" heißen, wenn eine Beziehung $a_1\alpha_1 + \ldots + a_m\alpha_m = 0$ mit nicht sämtlich verschwindenden Beiwerten a_i aus $\mathfrak{K}$ besteht. Anderenfalls sollen $\alpha_1, \ldots, \alpha_m$ „über $\mathfrak{K}$ linear unabhängig" genannt werden. Gibt es n, aber nicht mehr über $\mathfrak{K}$ linear unabhängige Elemente in $\mathfrak{L}$, so sagen wir $\mathfrak{L}$ besitze über $\mathfrak{K}$ den Grad n und schreiben $\mathfrak{L}:\mathfrak{K} = n$. Läßt sich andererseits jedes Element α aus $\mathfrak{L}$ eindeutig in der Form $\alpha = a_1\alpha_1 + \ldots + a_m\alpha_m$ darstellen, wobei die α_i feste Elemente aus $\mathfrak{L}$, die a_i geeignete Beiwerte aus $\mathfrak{K}$ sind, so nennen wir $\alpha_1, \ldots, \alpha_m$ eine Linearbasis von $\mathfrak{L}$ über $\mathfrak{K}$.

Hilfssatz: $\mathfrak{L}$ besitzt dann und nur dann eine Linearbasis von genau n Elementen über $\mathfrak{K}$, wenn $\mathfrak{L}:\mathfrak{K} = n$ ist, und zwar bilden in diesem Falle irgendwelche n über $\mathfrak{K}$ linear unabhängige Elemente aus $\mathfrak{L}$ eine solche Basis.

a) Es sei $\mathfrak{L}:\mathfrak{K} = n$ und es seien $\alpha_1, \ldots, \alpha_n$ über $\mathfrak{K}$ linear unabhängige Elemente aus $\mathfrak{L}$. Dann muß für jedes α aus $\mathfrak{L}$ eine Relation $a_0\alpha + a_1\alpha_1 + \ldots + a_n\alpha_n = 0$ mit nicht durchweg verschwindenden Beiwerten a_i bestehen, und es muß dabei insbesondere $a_0 \neq 0$ sein, weil sonst $\alpha_1, \ldots, \alpha_n$ gegen Voraussetzung über $\mathfrak{K}$ linear abhängig wären. Wir haben also $\alpha = -a_0^{-1} \cdot \sum_1^n a_i\alpha_i$, und diese Darstellung ist eindeutig, weil aus $\sum_1^n b_i\alpha_i = \sum_1^n c_i\alpha_i$, d. h. $\sum_1^n (b_i - c_i)\alpha_i = 0$ stets $b_i - c_i = 0$ $(i = 1, \ldots, n)$ folgt. $\alpha_1, \ldots, \alpha_n$ bilden also eine Linearbasis über $\mathfrak{K}$. b) Ist $\alpha_1, \ldots, \alpha_n$ eine Linearbasis von $\mathfrak{L}$ über $\mathfrak{K}$, so müssen zunächst $\alpha_1, \ldots, \alpha_n$ über $\mathfrak{K}$ linear unabhängig sein.

Denn wäre etwa $\alpha_1 a_1 + \ldots + \alpha_n a_n = 0$ $(a_1 \neq 0)$, so wären $1 \cdot \alpha_1 + 0 \cdot \alpha_2 + \ldots + 0 \cdot \alpha_n = \alpha_1$ und $0 \cdot \alpha_1 - (a_2 \cdot a_1^{-1})\alpha_2 - \ldots - (a_n \cdot a_1^{-1})\alpha_n = \alpha_1$ zwei verschiedene Darstellungen von α_1. Es bleibt nur noch zu zeigen, daß $\mathfrak{L}$ nicht mehr als n über $\mathfrak{K}$ linear unabhängige Elemente enthält, und dazu beweisen wir gleich etwas allgemeiner: Es seien $\beta_1, \ldots, \beta_m$ bzw. a_{ik} $(i = 1, \ldots, m+1;\ k = 1, \ldots, m)$ beliebige Elemente aus $\mathfrak{L}$ bzw. $\mathfrak{K}$. Dann sind $\gamma_i = \sum_{k=1}^{m} a_{ik}\beta_k$ $(i = 1, \ldots, m+1)$ stets über $\mathfrak{K}$ linear abhängig. Die Behauptung stimmt jedenfalls für $m = 1$, denn hier haben wir $a_{21}\gamma_1 - a_{11}\gamma_2 = 0$. Beim Beweis für beliebiges m dürfen wir daher die Richtigkeit der Behauptung für $m-1$ voraussetzen. Ist nun etwa $a_{m+1,\,m} \neq 0$, so sind die Elemente $\delta_i = \gamma_i - a_{i,\,m} \cdot a_{m+1,\,m}^{-1} \cdot \gamma_{m+1}$ $(i = 1, \ldots m)$ linear abhängig, weil durch $\beta_1, \ldots, \beta_{m-1}$ allein darstellbar. Es besteht also eine Gleichung $c_1\delta_1 + \ldots + c_m\delta_m = 0$ mit nicht sämtlich verschwindenden Beiwerten c_i aus $\mathfrak{K}$, und daraus folgt weiter $c_1\gamma_1 + \ldots + c_m\gamma_m + c_{m+1}\gamma_{m+1} = 0$ $(c_{m+1} = -a_{m+1,\,m}^{-1} \cdot (c_1 a_{1,\,m} + \ldots + c_m a_{m,\,m}))$. Damit ist der Hilfssatz bewiesen[1]). Aus ihm ergibt sich zunächst:

Hat $\mathfrak{M}$ über $\mathfrak{K}$ einen endlichen Grad, so gilt das gleiche für jeden Körper $\mathfrak{L}$ zwischen $\mathfrak{K}$ und $\mathfrak{M}$. Ist $p(x)$ ein über $\mathfrak{K}$ unzerlegbares Polynom vom Grade n, α eine Nullstelle von $p(x)$, so hat der Körper $\mathfrak{L} = \mathfrak{K}(\alpha)$ im Sinne unserer allgemeinen Definition über $\mathfrak{K}$ den Grad n, — $\mathfrak{L}:\mathfrak{K} = n$ —. Weiter erhalten wir: Sind $p(x)$ und $q(x)$ zwei über $\mathfrak{K}$ unzerlegbare

[1]) Kenner der linearen Algebra seien noch an das folgende (bei uns ganz gelegentlich und an nebensächlichen Stellen benutzte) Theorem erinnert: Sind $\beta_1, \ldots, \beta_m$ über $\mathfrak{K}$ linear unabhängig, so sind für $l \leq m$ die Elemente $\gamma_i = \sum_{k=1}^{m} a_{ik}\beta_k$ $(i = 1, \ldots, l)$ dann und nur dann auch ihrerseits über $\mathfrak{K}$ linear unabhängig, wenn mindestens eine der Determinanten l-ten Grades, die man aus der Matrix $\| a_{ik} \|$ $(i = 1, \ldots, l;\ k = 1, \ldots, m)$ bilden kann, nicht verschwindet (vgl. hierzu **Hasse** I a. a. O. § 19).

Polynome mit den Gradzahlen m bzw. n und den Nullstellen α bzw. β und ist $\mathfrak{K}(\alpha) = \mathfrak{K}(\beta)$, so muß $m = \mathfrak{K}(\alpha):\mathfrak{K} = \mathfrak{K}(\beta):\mathfrak{K} = n$ sein.

Vor allem aber gilt der fundamentale

Gradsatz: *Ist $\mathfrak{L}$ ein Oberkörper von $\mathfrak{K}$ vom Grade l, $\mathfrak{M}$ ein Oberkörper von $\mathfrak{L}$ vom Grade m, — ($\mathfrak{L}:\mathfrak{K} = l$, $\mathfrak{M}:\mathfrak{L} = m$) —, so hat $\mathfrak{M}$ über $\mathfrak{K}$ den Grad $l \cdot m$ ($\mathfrak{M}:\mathfrak{K} = l \cdot m$).*

Es sei $\alpha_1, \ldots, \alpha_l$ bzw. $\beta_1, \ldots, \beta_m$ eine Linearbasis von $\mathfrak{L}$ über $\mathfrak{K}$ bzw. $\mathfrak{M}$ über $\mathfrak{L}$. Dann braucht man nur zu zeigen, daß die $l \cdot m$ Elemente $\alpha_i \cdot \beta_k$ eine Linearbasis von $\mathfrak{M}$ über $\mathfrak{K}$ bilden. Ist nun γ beliebig aus $\mathfrak{M}$, so haben wir zunächst $\gamma = \sum_{1}^{m} \lambda_k \beta_k$ mit zu $\mathfrak{L}$ gehörigen λ_k, und für die λ_k gelten Gleichungen $\lambda_k = \sum_{i=1}^{l} a_{ki}\alpha_i$ mit zu $\mathfrak{K}$ gehörigen a_{ki}, es wird also $\gamma = \sum_{i=1}^{l} \sum_{k=1}^{m} a_{ki}(\alpha_i \cdot \beta_k)$. — Soll ferner $\gamma = \sum_{k=1}^{m} \left(\sum_{i=1}^{l} a_{ki}\alpha_i \right) \cdot \beta_k = 0$ sein, so folgt zunächst wegen der linearen Unabhängigkeit von $\beta_1, \ldots, \beta_m$ über $\mathfrak{L}$: $\sum_{i=1}^{l} a_{ki}\alpha_i = 0$, und daraus ergibt sich wegen der linearen Unabhängigkeit von $\alpha_1, \ldots, \alpha_l$ über $\mathfrak{K}$ weiter $a_{ki} = 0$.

Aus dem Gradsatz folgt insbesondere: $\mathfrak{M}$ hat über $\mathfrak{K}$ dann und nur dann einen endlichen Grad, wenn $\mathfrak{M}$ ein endlicher algebraischer Oberkörper von $\mathfrak{K}$ ist, d. h. wenn $\mathfrak{M} = \mathfrak{K}(\alpha_1, \ldots, \alpha_m)$ aus $\mathfrak{K}$ durch Hinzunahme von endlich vielen Elementen $\alpha_1, \ldots, \alpha_m$ entsteht, wobei jedes einzelne α_i über $\mathfrak{K}$ algebraisch, also Nullstelle eines Polynoms $p(x)$ aus $\mathfrak{K}[x]$ ist. a) Es sei $\mathfrak{M}:\mathfrak{K} = m$, und es sei etwa $\alpha_1, \ldots, \alpha_m$ eine Linearbasis von $\mathfrak{M}$ über $\mathfrak{K}$, dann wird sicher $\mathfrak{M} = \mathfrak{K}(\alpha_1, \ldots, \alpha_m)$. Andererseits muß jedes Element α aus $\mathfrak{M}$ über $\mathfrak{K}$ algebraisch sein, weil die $m + 1$ Elemente $1, \alpha, \alpha^2, \ldots, \alpha^m$ sicher über $\mathfrak{K}$ linear abhängig sind. b) Es sei $\mathfrak{M} = \mathfrak{K}(\alpha_1, \ldots, \alpha_m)$, wobei alle α_i über $\mathfrak{K}$ algebraisch sind. Ferner werde $\mathfrak{K} = \mathfrak{K}_0$, $\mathfrak{K}(\alpha_1) = \mathfrak{K}_1, \ldots, \mathfrak{K}(\alpha_1, \ldots, \alpha_i) = \mathfrak{K}_i (i = 1, \ldots, m)$ gesetzt. n_i bedeute den Grad des unzerlegbaren Polynoms $p_i(x)$ aus $\mathfrak{K}_{i-1}[x]$, das α_i zur Nullstelle hat. Dann wird nach einer Folgerung aus dem Hilfssatz $\mathfrak{K}_i : \mathfrak{K}_{i-1} = n_i$ wegen $\mathfrak{K}_i = \mathfrak{K}_{i-1}(\alpha_i)$, und aus dem Gradsatz folgt durch $(m-1)$-malige Anwendung weiter: $\mathfrak{M} : \mathfrak{K} = \mathfrak{K}_m : \mathfrak{K}_0 = n_1 \cdot n_2 \cdot \ldots \cdot n_m$. — Ist α Nullstelle eines unzerlegbaren Polynoms n-ten Grades aus $\mathfrak{K}[x]$, $\mathfrak{M}$ ein α enthaltender endlicher algebraischer Oberkörper von $\mathfrak{K}$, so ist $\mathfrak{M} : \mathfrak{K}$ nach dem Gradsatz durch $\mathfrak{K}(\alpha) : \mathfrak{K} = n$ teilbar. Daraus folgt insbesondere:

Ist $\mathfrak{M}$ ein Quadratwurzelkörper über $\mathfrak{K}$, $p(x)$ ein über $\mathfrak{K}$ unzerlegbares Polynom vom Grade n, so kann nur dann eine Nullstelle α von $p(x)$ in $\mathfrak{M}$ liegen, wenn $n = 2^m$ eine Potenz von 2 ist. (Man beachte, daß nach dem Gradsatz $\mathfrak{M} : \mathfrak{K}$ eine Zweier-Potenz sein muß).

Verknüpft man dieses Resultat mit den Überlegungen von § 16, so ergibt sich sofort die Unmöglichkeit der Würfelverdoppelung. Aber auch die Unmöglichkeit, jeden beliebigen Winkel mit Zirkel und Lineal zu dritteln, kann jetzt leicht nachgewiesen werden. — $\cos \frac{\varphi}{3}$ ist, wie elementar zu zeigen, eine Nullstelle des Polynoms $q(x) = 4x^3 - 3x - \cos \varphi$. Wählt man nun z. B. φ so, daß $\cos \varphi = \frac{1}{3}$ wird, so erweist sich $q(x) = 4x^3 - 3x - \frac{1}{3}$ oder, was auf dasselbe herauskommt, $3 \cdot q(x) = 12x^3 - 9x - 1$ nach dem Schönemann-Eisensteinschen Satze von § 12 als unzerlegbar über dem Körper $\mathfrak{K}_0$ der rationalen Zahlen. Dann ist aber $q(x)$ auch über dem durch Hinzunahme von $\cos \varphi$ und $\sin \varphi$ aus $\mathfrak{K}_0$ entstehenden Körper $\mathfrak{K}$ unzerlegbar. Denn $\cos \varphi = \frac{1}{3}$ gehört bereits zu $\mathfrak{K}_0$, und die Hinzunahme von $\sin \varphi = \frac{\sqrt{8}}{3}$ kann nach unseren Gradsätzen $q(x)$ nicht zerlegbar machen. — Weiter erkennt man z. B. unter Berücksichtigung von § 20, daß ein geometrisches Problem, das auf die Auflösung einer Gleichung vierten Grades führt, i. a. mit Zirkel und Lineal unlösbar ist.

§ 24. Der Gleichberechtigungssatz (Isomorphiesatz)

Im § 23 hatten wir gesehen: Ist α eine beliebige Nullstelle eines über dem Körper $\mathfrak{K}$ unzerlegbaren Polynoms $p(x)$, so unterscheidet sich der Körper $\mathfrak{K}(\alpha)$ vom Restklassenkörper $\mathfrak{K}[x] \mid p(x)$ hinsichtlich des rationalen Rechnens nur durch die Bezeichnung (α statt $\bar{x}$, $a(\alpha)$ statt $\overline{a(x)}$). Da diese Feststellung für jede Nullstelle von $p(x)$ gilt, erhalten wir sofort den für die gesamte höhere Algebra grundlegenden

Gleichberechtigungssatz: *Sind α und β zwei Nullstellen desselben über $\mathfrak{K}$ unzerlegbaren Polynoms $p(x)$, so unterscheiden sich die Körper $\mathfrak{K}(\alpha)$ und $\mathfrak{K}(\beta)$ hinsichtlich des rationalen Rechnens nur durch die Bezeichnungsweise, und zwar insofern, als überall dort, wo bei $\mathfrak{K}(\alpha)$ der Buchstabe α steht, bei $\mathfrak{K}(\beta)$ der Buchstabe β einzusetzen ist.* Oder anders ausgedrückt: Jedes System von richtigen rationalen Beziehungen zwischen α und den Elementen von $\mathfrak{K}$ geht über in ein gleichfalls richtiges Beziehungssystem zwischen β und den Elementen von $\mathfrak{K}$, indem man mechanisch überall β an Stelle von α schreibt.

Dabei brauchen $\mathfrak{K}(\alpha)$ und $\mathfrak{K}(\beta)$ nicht verschieden zu sein. Ist z. B. $\mathfrak{K} = \mathfrak{K}_r$ der Körper aller reellen Zahlen, so wird $\mathfrak{K}_r(i) = \mathfrak{K}_r(-i) = \mathfrak{K}_k$ gleich dem Körper aller komplexen Zahlen. Gleichwohl ist das mechanische Ersetzen von $+i$ durch $-i$, also der Übergang zum „konjugiert Komplexen“ — nicht nur für die Algebra — von der allergrößten Wichtigkeit.

Die Bedeutung des Gleichberechtigungssatzes möge an einem einfachen Beispiel klargemacht werden: Es sei $a(x, \alpha)$ ein Polynom in der Unbestimmten x mit Beiwerten aus $\mathfrak{K}(\alpha)$, das die Zerlegung $a(x, \alpha) = \prod\limits_{i=1}^{m} p_i(x, \alpha)$ in die über $\mathfrak{K}(\alpha)$ unzerlegbaren Faktoren $p_i(x, \alpha)$ besitzt. Dann besitzt das Polynom $a(x, \beta)$ mit Beiwerten aus $\mathfrak{K}(\beta)$ die Zerlegung $a(x, \beta) = \prod\limits_{i=1}^{m} p_i(x, \beta)$ in die über $\mathfrak{K}(\beta)$ unzerlegbaren Faktoren $p_i(x, \beta)$. Denn die Polynomgleichung $a(x, \alpha) = \prod\limits_{i=1}^{m} p_i(x, \alpha)$ ist, weil rechts und links die einzelnen Beiwerte übereinstimmen müssen, äquivalent mit einem gewissen System von rationalen Beziehungen zwischen α und den Elementen von $\mathfrak{K}$. Indem wir nun mechanisch überall β statt α schreiben, kommen wir sofort zu der Gleichung $a(x, \beta) = \prod_{i=1}^{m} p_i(x, \beta)$. Wäre weiter etwa $p_i(x, \beta)$ über $\mathfrak{K}(\beta)$ zerlegbar, $p_i(x, \beta) = q_i(x, \beta) \cdot r_i(x, \beta)$, so folgte daraus rückwärts durch eine nochmalige Anwendung des Gleichberechtigungssatzes $p_i(x, \alpha) = q_i(x, \alpha) \cdot r_i(x, \alpha)$. Aus der Unzerlegbarkeit der $p_i(x, \alpha)$ über $\mathfrak{K}(\alpha)$ ergibt sich also sofort die Unzerlegbarkeit der $p_i(x, \beta)$ über $\mathfrak{K}(\beta)$. —

Dem Gleichberechtigungssatz kann eine andere Fassung gegeben werden, die sich für seine Anwendung in der höheren Algebra als besonders bequem erwiesen hat. Die Oberkörper $\mathfrak{L}$ und $\mathfrak{M}$ von $\mathfrak{K}$ sollen „über $\mathfrak{K}$ isomorph" heißen, — symbolisch: $\mathfrak{L} \longleftrightarrow \mathfrak{M}(\mathfrak{K})$, — wenn sich die Elemente von $\mathfrak{L}$ so umkehrbar eindeutig den Elementen von $\mathfrak{M}$ zuordnen lassen, daß der Summe bzw. dem Produkt zweier Elemente aus $\mathfrak{L}$ stets die Summe bzw. das Produkt der zugeordneten Elemente aus $\mathfrak{M}$ entspricht, und daß dabei alle Elemente aus $\mathfrak{K}$ auf sich selbst abgebildet werden. (Es muß also aus $\alpha_1 \longleftrightarrow \beta_1, \alpha_2 \longleftrightarrow \beta_2$ stets $\alpha_1 + \alpha_2 \longleftrightarrow \beta_1 + \beta_2, \alpha_1 \cdot \alpha_2 \longleftrightarrow \beta_1 \cdot \beta_2$ folgen, und es muß für jedes a aus $\mathfrak{K}$ stets $a \longleftrightarrow a$ gelten). Äquivalent dem Gleichberechtigungssatz ist nun der

Isomorphiesatz: *Sind α und β zwei Nullstellen des über $\mathfrak{K}$ unzerlegbaren Polynoms $p(x)$, so können die (nicht notwendig verschiedenen) Körper $\mathfrak{K}(\alpha)$ und $\mathfrak{K}(\beta)$ über $\mathfrak{K}$ isomorph aufeinander abgebildet werden, und zwar so, daß dabei dem Element α das Element β entspricht.*

In der Tat, ist n der Grad von $p(x)$, und ordnen wir, falls $a(x)$ ein beliebiges Polynom höchstens $(n-1)$-ten Grades aus $\mathfrak{K}[x]$ bedeutet, jeweils $a(\alpha)$ und $a(\beta)$ einander zu, so entspricht damit jedem Element aus $\mathfrak{K}(\alpha)$ umkehrbar eindeutig eines aus $\mathfrak{K}(\beta)$, und es wird dabei insbesondere α auf β so wie jedes a aus $\mathfrak{K}$ auf sich selbst abgebildet. Ferner ist trivial, daß aus $\alpha_1 = a_1(\alpha) \longleftrightarrow a_1(\beta) = \beta_1$, $\alpha_2 = a_2(\alpha) \longleftrightarrow a_2(\beta) = \beta_2$ jedenfalls $\alpha_1 + \alpha_2 \longleftrightarrow \beta_1 + \beta_2$ folgt. Es folgt aber auch $\alpha_1 \cdot \alpha_2 \longleftrightarrow \beta_1 \cdot \beta_2$, da nach dem Gleichberechtigungssatz in $\mathfrak{K}(\beta)$ stets $a_1(\beta) \cdot a_2(\beta) = a_3(\beta)$ sein muß, falls in $\mathfrak{K}(\alpha)$ die Gleichung $a_1(\alpha) \cdot a_2(\alpha) = a_3(\alpha)$ gilt. Der Isomorphiesatz läßt sich also aus dem Gleichberechtigungssatz ableiten, aber auch die Umkehrung ist richtig. Existiert nämlich eine isomorphe Abbildung $\mathfrak{K}(\alpha) \longleftrightarrow \mathfrak{K}(\beta)$ ($\mathfrak{K}$) mit $\alpha \longleftrightarrow \beta$, so muß diese für jedes $a(x)$ aus $\mathfrak{K}[x]$ die Elemente $a(\alpha)$ und $a(\beta)$ einander zuordnen, und da bei der Zuordnung offenbar 0 in 0 übergeht, muß aus $a(\alpha) = 0$ stets $a(\beta) = 0$ folgen und umgekehrt. Das bedeutet aber bereits die Gültigkeit des Gleichberechtigungssatzes, denn das Bestehen einer „rationalen Relation zwischen α und den Elementen von $\mathfrak{K}$" ist ja stets gleichwertig mit der Aussage, daß ein gewisses Polynom in α mit Beiwerten aus $\mathfrak{K}$ verschwindet.

§ 25. Der Kronecker-Steinitzsche Fundamentalsatz

Nach den Resultaten von §§ 23, 24 drängt sich von selbst die Frage auf: Gibt es bei beliebigem $\mathfrak{K}$ zu jedem Polynom $p(x)$ aus $\mathfrak{K}[x]$ einen Oberkörper $\mathfrak{N}$ von $\mathfrak{K}$, über dem $p(x)$ in Linearfaktoren zerfällt, und ist etwa der kleinste Körper mit dieser Eigenschaft eindeutig bestimmt? Dabei handelt es sich für uns natürlich nur um das rationale Rechnen. Untersuchungen, wie etwa die, ob sich die Elemente von $\mathfrak{N}$ als komplexe Zahlen deuten lassen, falls $\mathfrak{K}$ ein komplexer Zahlkörper ist, liegen außerhalb unseres Gesichtskreises. In diesem rein algebraischen Sinne erhält man nun leicht den

Fundamentalsatz von Kronecker[1]): *Ist $p(x) = x^n + a_1 x^{n-1} + \ldots + a_n$ ein beliebiges Polynom über einem beliebigen Körper $\mathfrak{K}$, so gibt es stets einen Oberkörper $\mathfrak{N}$ von $\mathfrak{K}$, über dem $p(x)$ in Linearfaktoren zerfällt: $p(x) = \prod_{i=1}^{n} (x - \alpha_i)$ und der außerdem die Eigenschaft besitzt, daß sich alle Elemente*

[1]) Leopold Kronecker (1823—1891).

von $\mathfrak{N}$ als Polynome in $\alpha_1, \ldots, \alpha_n$ mit Beiwerten aus $\mathfrak{K}$ darstellen lassen. $\mathfrak{N}$ ist bis auf die Bezeichnung eindeutig bestimmt, d. h.: Sind $\mathfrak{N}$ und $\mathfrak{N}'$ zwei Oberkörper von $\mathfrak{K}$ mit den angegebenen Eigenschaften, und wird über $\mathfrak{N}$ bzw. $\mathfrak{N}'$ $p(x) = \prod\limits_1^n (x - \alpha_i)$ bzw. $p(x) = \prod\limits_1^n (x - \alpha_i')$, so kann bei geeigneter Numerierung der α_i' der Körper $\mathfrak{N}'$ einfach dadurch in den Körper $\mathfrak{N}$ überführt werden, daß man überall α_i' durch α_i ersetzt $(i = 1, \ldots, n)$.

a) Die Behauptung ist richtig für $n = 1$; denn in diesem Falle wird offenbar eindeutig $\mathfrak{N} = \mathfrak{K}$. Wir dürfen daher einen Induktionsschluß nach wachsenden Gradzahlen ansetzen. Es sei $q(x)$ einer der unzerlegbaren Faktoren von $p(x)$ über $\mathfrak{K}$. Bilden wir dann den Restklassenkörper $\mathfrak{L} = \mathfrak{K}[x] \mid q(x)$, identifizieren wir jede ein Element a aus $\mathfrak{K}$ enthaltende Restklasse mit diesem Element und schreiben wir α_1 statt x, so wird $\mathfrak{L}$ nach § 23 ein Oberkörper von $\mathfrak{K}$, der die Nullstelle α_1 von $q(x)$ enthält und dessen sämtliche Elemente sich als Polynome in α_1 mit Beiwerten aus $\mathfrak{K}$ darstellen lassen. Da $q(x)$ ein Faktor von $p(x)$ war, besitzt $p(x)$ über $\mathfrak{L}$ eine Zerlegung $p(x) = (x - \alpha_1) \cdot p_1(x)$. Da ferner $p_1(x)$ den Grad $n - 1$ hat, dürfen wir nach Induktionsvoraussetzung für $\mathfrak{L}$ an Stelle von $\mathfrak{K}$ und $p_1(x)$ an Stelle von $p(x)$ den Kronecker-Steinitzschen Satz bereits anwenden. Es ergibt sich die Existenz eines Oberkörpers $\mathfrak{N}$ von $\mathfrak{L}$, über dem eine Gleichung $p_1(x) = \prod\limits_{i=2}^n (x - \alpha_i)$, d. h. eine Gleichung $p(x) = \prod\limits_{i=1}^n (x - \alpha_i)$ gilt, und dessen sämtliche Elemente sich als Polynome in $\alpha_2, \ldots, \alpha_n$ mit Beiwerten aus $\mathfrak{L}$, also als Polynome in $\alpha_1, \ldots, \alpha_n$ mit Beiwerten aus $\mathfrak{K}$ darstellen lassen. Fertig!

b) Der Eindeutigkeitsbeweis ist wieder für $n = 1$ trivial, es ist also ein ähnlicher Schluß möglich wie beim Existenzbeweis. Es sei $q(x)$ derjenige über $\mathfrak{K}$ unzerlegbare Faktor von $p(x)$, der in $\mathfrak{N}$ die Nullstelle α_1 besitzt, und es sei die Numerierung der α'_i so gewählt, daß in $\mathfrak{N}'$ gerade α'_1 eine Nullstelle von $q(x)$ wird. Dann kann nach dem Gleichberechtigungssatz der zwischen $\mathfrak{K}$ und $\mathfrak{N}'$ liegende Körper $\mathfrak{L}' = \mathfrak{K}(\alpha'_1)$ dadurch in den zwischen $\mathfrak{K}$ und $\mathfrak{N}$ liegenden Körper $\mathfrak{L} = \mathfrak{K}(\alpha_1)$ übergeführt werden, daß man, ohne sonst etwas zu ändern, überall α_1 statt α'_1 schreibt. Denken wir uns diese Umschreibung durchgeführt, so erscheinen $\mathfrak{N}$ und $\mathfrak{N}'$ beide als Oberkörper von $\mathfrak{L}$. Das durch die Gleichung $p(x) = (x-\alpha_1)\cdot p_1(x)$ definierte Polynom $p_1(x)$ aus $\mathfrak{L}[x]$ zerfällt sowohl über $\mathfrak{N}$ als auch über $\mathfrak{N}'$ in Linearfaktoren: $p_1(x) = \prod_2^n (x-\alpha_i)$ bzw. $p_1(x) = \prod_2^n (x-\alpha'_i)$, und es lassen sich alle Elemente aus $\mathfrak{N}$ bzw. $\mathfrak{N}'$ als Polynome in $\alpha_2, \ldots, \alpha_n$ bzw. $\alpha'_2, \ldots, \alpha'_n$ mit Beiwerten aus $\mathfrak{L}$ darstellen. Nach Induktionsvoraussetzung kann daher der Körper $\mathfrak{N}'$ bei geeigneter Numerierung der α'_i dadurch in den Körper $\mathfrak{N}$ übergeführt werden, daß man rein formal überall α_i an Stelle von α'_i $(i = 2, 3, \ldots, n)$ einsetzt.

Der Kroneckersche Fundamentalsatz bildet die Grundlage für den weitergehenden Fundamentalsatz von Steinitz[1]):

Zu jedem Körper $\mathfrak{K}$ gibt es eine allgebraisch abgeschlossene Hülle, d. h. einen Oberkörper $\mathfrak{K}^*$, der folgenden Bedingungen genügt: 1. $\mathfrak{K}^*$, (d. h. jedes α aus $\mathfrak{K}^*$), ist über $\mathfrak{K}$ algebraisch. 2. $\mathfrak{K}^*$ ist algebraisch abgeschlossen. — Zwei algebraisch abgeschlossene Hüllen $\mathfrak{K}_1^*$, $\mathfrak{K}_2^*$ von $\mathfrak{K}$ lassen sich stets über $\mathfrak{K}$ isomorph aufeinander abbilden.

Wir beschränken uns auf eine Beweisskizze. Da wir nämlich in folgendem fast immer nur mit den Nullstellen von endlich vielen Polynomen $g_1(x), \ldots, g_r(x)$, d. h. letzten Endes mit den Nullstellen eines einzigen Polynoms $f(x) = g_1(x) \cdot \ldots \cdot g_r(x)$ zu tun haben, brauchen wir den Steinitzschen Fundamentalsatz (abgesehen von einigen Stellen in § 40) überhaupt nicht.

Hilfssatz 1: Es sei $\mathfrak{L}$ ein algebraischer Oberkörper von $\mathfrak{K}$, zu dem es keinen echten, gleichfalls über $\mathfrak{K}$ algebraischen Ober-

[1]) Ernst Steinitz (gest. 1928).

körper $\mathfrak{L}'$ gibt („maximal algebraischer Oberkörper von $\mathfrak{K}$“). Dann ist $\mathfrak{L}$ eine algebraisch abgeschlossene Hülle von $\mathfrak{K}$.

Beweis: Angenommen, es gäbe in $\mathfrak{L}[x]$ ein unzerlegbares Polynom $p(x) = x^n + \alpha_1 x^{n-1} + \cdots + \alpha_n$ von einem Grade $n \geqq 2$. Dann ist der durch Hinzunahme einer Nullstelle γ von $p(x)$ entstehende Körper $\mathfrak{L}' = \mathfrak{L}(\gamma)$ ein echter Oberkörper von $\mathfrak{L}$. Ist andererseits $\delta = \beta_0 + \beta_1\gamma + \cdots + \beta_{n-1}\gamma^{n-1}$ (β_i in $\mathfrak{L}$) ein beliebiges Element aus $\mathfrak{L}'$ und $\mathfrak{K}' = \mathfrak{K}(\alpha_1, \ldots, \alpha_n, \beta_0, \ldots, \beta_{n-1})$, so ist $\mathfrak{K}'$ ein endlicher algebraischer Oberkörper von $\mathfrak{K}$, und das gleiche gilt nach § 23 für $\mathfrak{K}'(\gamma)$, weil γ Nullstelle des Polynoms $p(x)$ aus $\mathfrak{K}'[x]$. Da δ in $\mathfrak{K}'(\gamma)$ liegt, ist somit δ selbst und damit $\mathfrak{L}'$ nach § 23 über $\mathfrak{K}$ algebraisch, d. h. aus der Existenz von $p(x)$ folgt ein Widerspruch gegen unsere Voraussetzung über $\mathfrak{L}$. — Mit ähnlichen Überlegungen beweist man:

Hilfssatz 2: Es seien $\mathfrak{K}_1^*$ und $\mathfrak{K}_2^*$ zwei algebraisch abgeschlossene Hüllen von $\mathfrak{K}$ und es sei $\mathfrak{L}_1$ ein Körper zwischen $\mathfrak{K}$ und $\mathfrak{K}_1^*$, der sich isomorph über $\mathfrak{K}$ auf einen Körper $\mathfrak{L}_2$ zwischen $\mathfrak{K}$ und $\mathfrak{K}_2^*$ abbilden läßt, zu dem es aber in $\mathfrak{K}_1^*$ keinen echten Oberkörper $\mathfrak{L}_1'$ mit der gleichen Eigenschaft gibt. Dann ist stets $\mathfrak{K}_1^* = \mathfrak{L}_1$, $\mathfrak{K}_2^* = \mathfrak{L}_2$.

Zum Beweis des Steinitzschen Fundamentalsatzes hat man jetzt nur noch zu zeigen, daß „maximale“ Körper $\mathfrak{L}$, $\mathfrak{L}_1$ im Sinne der Hilfssätze 1 und 2 stets existieren. Dazu braucht man mengentheoretische Sätze bzw. Axiome, im wesentlichen das sogenannte Zornsche Lemma. In voller Allgemeinheit können wir auf diese Dinge aus Platzmangel nicht eingehen. Indessen soll das Zornsche Lemma wenigstens in seiner einfachsten (für den Steinitzschen Fundamentalsatz etwas zu speziellen) Fassung kurz formuliert werden, weil wir es in dieser Fassung in Abschnitt VII brauchen, um in einem als gegeben angenommenen Ring oder Körper die Existenz gewisser ausgezeichneter Untermengen zu beweisen.

Ein System Σ von Untermengen einer festen Menge $\mathfrak{M}$ heißt induktiv, wenn es folgender Bedingung genügt: Ist Σ_1 ein „durch Inklusion total geordnetes“ Teilsystem von Σ, d. h. ein Teilsystem mit der Eigenschaft, daß für zwei beliebige Mengen $\mathfrak{U}_1^1 \neq \mathfrak{U}_2^1$ aus Σ_1 stets $\mathfrak{U}_1^1 \leqq \mathfrak{U}_2^1$ oder $\mathfrak{U}_2^1 \leqq \mathfrak{U}_1^1$ gilt, so gehört immer auch die Vereinigungsmenge $\mathfrak{U}$ aller $\mathfrak{U}^1$ aus Σ_1 zu Σ. Das Zornsche Lemma, auf das wir uns in Abschnitt VII stützen werden, lautet nun:

Ist Σ ein induktives System von Untermengen von $\mathfrak{M}$, so gibt es in Σ stets mindestens eine größte Untermenge $\mathfrak{U}$, also eine Untermenge, zu der in Σ kein $\mathfrak{U}' > \mathfrak{U}$ existiert.

Man beachte: Ist $\mathfrak{M}$ irgendeine Obermenge des Körpers $\mathfrak{K}$, so ist das System Σ aller in $\mathfrak{M}$ enthaltenen algebraischen Oberkörper von $\mathfrak{K}$ offenbar induktiv. Aber diese Bemerkung allein reicht zum Beweis eines maximal algebraischen Oberkörpers $\mathfrak{L}$ von $\mathfrak{K}$ im Sinne von Hilfssatz 1 nicht aus, weil wir erst eine Menge $\mathfrak{M}$ haben müßten, die zu jedem über $\mathfrak{K}$ algebraischen Körper $\mathfrak{K}'$ ein über $\mathfrak{K}$ isomorphes Modell $\mathfrak{K}''$ enthält.

Es sei nochmals darauf hingewiesen, daß der Kroneckersche und der Steinitzsche Fundamentalsatz einen wesentlich anderen Charakter haben, als der bereits im § 9 erwähnte Gaußsche Fundamentalsatz der Algebra. Der Kroneckersche und der Steinitzsche Satz beziehen sich auf ganz beliebige Körper, immer ausschließlich unter dem Gesichtspunkt des rationalen Rechnens, beide Sätze sind dementsprechend ihrer Natur nach rein algebraisch. Der Gaußsche Fundamentalsatz macht eine algebraische Aussage über einen speziellen, zunächst rein analytisch definierten Körper, nämlich über den Körper aller komplexen Zahlen. Er ist dementsprechend als ein Theorem von gemischt algebraisch-analytischem Charakter anzusehen. Bezeichnend für die Stellung der verschiedenen Fundamentalsätze zueinander ist die Tatsache, daß man den Kroneckerschen Satz mit Vorteil als Grundlage für den Beweis des Gaußschen Satzes benutzt.

§ 26. Resolventen

Es sei $p(x) = x^n - a_1 x^{n-1} + a_2 x^{n-2} - \cdots \pm a_n = \prod_{i=1}^{n} (x - \alpha_i)$ ein Polynom aus $\mathfrak{K}[x]$ und $\mathfrak{N} = \mathfrak{K}(\alpha_1, \ldots, \alpha_n)$. In der klassischen Terminologie heißt dann das Polynom $q(x) = \prod_{i=1}^{m} (x - \beta_i)$ bzw. die Gleichung $q(x) = 0$ eine **Resolvente** des Polynoms $p(x)$ bzw. der Gleichung $p(x) = 0$, wenn $\mathfrak{M} = \mathfrak{K}(\beta_1, \ldots, \beta_m) \leq \mathfrak{N}$. — Resolventen von $p(x)$ können nach folgendem Schema gebildet werden: Ist $\beta = \beta_1$ beliebig aus $\mathfrak{N}$ gewählt, so gibt es ein $P_1(u_1, \ldots, u_n)$ aus $\mathfrak{K}[u_1, \ldots, u_n]$, derart daß $\beta_1 = P_1(\alpha_1, \ldots, \alpha_n)$. Sind ferner $P_k(u_1, \ldots, u_n)$ $(k = 1, \ldots, N)$ die sämtlichen verschiedenen Polynome, die aus P_1 durch beliebige Vertauschung der u_i entstehen, so sind die Beiwerte des x-Polynoms $Q(x; u) = \prod_{k=1}^{N} (x - P_k)$ symmetrisch in $u_1, \ldots, u_n$ und mithin nach § 6 Polynome in den symmetrischen Grundfunktionen s_i der u_i. Bei der Ersetzung $u_i \to \alpha_i$ gehen die s_i in die Beiwerte a_i von $p(x)$ über. Es wird also

$$Q(x; \alpha) = Q(x) = \prod_{k=1}^{N} (x - P_k(\alpha_1 \ldots, \alpha_n)) = \prod_{k=1}^{N} (x - \beta_i)$$

ein Polynom aus $\mathfrak{K}[x]$ und damit eine Resolvente von $p(x)$. $Q(x)$ ist durch $\beta = \beta_1$ nicht eindeutig bestimmt, da es die Darstellung $\beta = P_1(\alpha_1, \ldots, \alpha_n)$ nicht ist. Auch über die Zerlegbarkeit von $Q(x)$ über $\mathfrak{K}$ läßt sich im allgemeinen nichts aussagen. In einem wichtigen Spezialfall allerdings kommen wir weiter:

Es sei $p(x)$ unzerlegbar über $\mathfrak{K}$ und β_1 schon Element von $\mathfrak{K}(\alpha_1)$. Hier bilden $1, \alpha_1, \ldots, \alpha_1^{n-1}$ eine Linearbasis von $\mathfrak{K}(\alpha_1)$ über $\mathfrak{K}$ im Sinne von § 23, und wir haben für β „über $\mathfrak{K}$" eine eindeutige Darstellung $\beta_1 = a_0 + a_1\alpha_1 + \cdots + a_{n-1}\alpha_1^{n-1} = P(\alpha_1)$ mit $P(u)$ aus $\mathfrak{K}[u]$. Die nach dem allgemeinen Schema gebildete Resolvente wird jetzt einfach $Q(x) = \prod_{i=1}^{n} (x - P(\alpha_i))$. Ist ferner $q(x)$ ein über $\mathfrak{K}$ unzerlegbarer Faktor von $Q(x)$, so folgt aus $q(\beta_{i_0}) = q(P(\alpha_{i_0})) = 0$ nach § 24 stets $q(P(\alpha_i)) = q(\beta_i) = 0$ $(i = 1, \ldots, n)$, d. h. alle Nullstellen von $Q(x)$ sind auch Nullstellen von $q(x)$. Daraus ergibt sich aber sofort: Es ist $Q(x) = q(x)^r$; es wird immer und bei Charakteristik 0 auch nur dann $q(x) = Q(x)$, wenn stets $P(\alpha_i) \neq P(\alpha_k)$ für $i \neq k$. — Eine Resolvente der eben betrachteten Form wird als Tschirnhausen-Resolvente (nach einem Freund von Leibniz) bezeichnet. In § 20 bildeten wir zu der allgemeinen Gleichung 4. Grades eine Resolvente 3. Grades (keine Tschirnhausen-Resolvente), und die Ergebnisse von § 18 und § 20 zeigen, daß man, auf sie gestützt, die Lösung der allgemeinen Gleichung

4. Grades mit Hilfe von 2. und 3. Wurzeln bewerkstelligen kann. Aus den Versuchen heraus, die allgemeine Gleichung 5. Grades in analoger Weise durch Wurzelzeichen zu lösen, hat sich die moderne Algebra entwickelt. Es ergab sich zwar schließlich die Unlösbarkeit (vgl. § 36); aber von unserem Problem ausgehend, entwickelte der unendlich vielseitige Joseph Louis Lagrange (geb. 1736 in Turin, gest. 1813 in Paris) in der bahnbrechenden Arbeit „Réflexion sur la résolution algébrique des équations" seine Theorie der Lagrangeschen Resolventen und — in moderner Ausdrucksweise — der zyklischen Gleichungen (vgl. § 27 und 28), die weit über Euler hinausführte. Den nächsten großen Fortschritt erzielte dann der „princeps mathematicorum" Carl Friedrich Gauß (geb. 1777 in Braunschweig, gest. 1855 in Göttingen) mit seiner Theorie der Kreisteilungsgleichungen (vgl. Abschnitt V), die er 1801 im letzten Abschnitt seiner „Disquisitiones arithmeticae" veröffentlichte. Es folgten dann rasch die in gewisser Hinsicht abschließenden Untersuchungen von Abel und Galois, die an späterer Stelle gewürdigt werden sollen (vgl. § 36 und 37).

§ 27. Untersuchungen über die Auflösung der Gleichung dritten Grades

Für die folgenden Betrachtungen brauchen wir einige allgemeine Bemerkungen über die möglichen Vertauschungen von drei Dingen. Die zu vertauschenden Dinge selbst können dabei ganz beliebig sein. Wir charakterisieren sie einfach durch die Ziffern 1, 2, 3. Die sechs möglichen Vertauschungen bezeichnet man am einfachsten folgendermaßen:

$$(1)\quad \begin{aligned} &\begin{pmatrix}1&2&3\\1&2&3\end{pmatrix}=\mathfrak{Z}_0;\ \begin{pmatrix}1&2&3\\2&3&1\end{pmatrix}=\mathfrak{Z}_1;\ \begin{pmatrix}1&2&3\\3&1&2\end{pmatrix}=\mathfrak{Z}_2;\\ &\begin{pmatrix}1&2&3\\2&1&3\end{pmatrix}=\mathfrak{T}_1;\ \begin{pmatrix}1&2&3\\3&2&1\end{pmatrix}=\mathfrak{T}_2;\ \begin{pmatrix}1&2&3\\1&3&2\end{pmatrix}=\mathfrak{T}_3.\end{aligned}$$

Dabei bedeutet in der Vertauschung $\begin{pmatrix} 1 & 2 & 3 \\ m_1 & m_2 & m_3 \end{pmatrix}$ stets m_i dasjenige Ding, in das das Ding i übergeht.

Führt man zwei Vertauschungen hintereinander aus, so entsteht wieder eine Vertauschung, die gewöhnlich als das „Produkt" der beiden Einzelvertauschungen bezeichnet wird, wobei man aber zu beachten hat, daß — anders als bei der Multiplikation von Zahlen oder Körperelementen — die Reihenfolge der Faktoren nicht gleichgültig ist. Am besten macht man sich die Eigenart der Multiplikation von Vertauschungen an Beispielen klar. Dabei soll die linksstehende Vertauschung immer diejenige bedeuten, die zuerst ausgeführt wird. — Offenbar wird zunächst:

$$(2)\quad \begin{pmatrix} 1 & 2 & 3 \\ 1 & 2 & 3 \end{pmatrix} \cdot \begin{pmatrix} 1 & 2 & 3 \\ m_1 & m_2 & m_3 \end{pmatrix} = \begin{pmatrix} 1 & 2 & 3 \\ m_1 & m_2 & m_3 \end{pmatrix} \cdot \begin{pmatrix} 1 & 2 & 3 \\ 1 & 2 & 3 \end{pmatrix} = \begin{pmatrix} 1 & 2 & 3 \\ m_1 & m_2 & m_3 \end{pmatrix}$$

für jede beliebige Vertauschung $\begin{pmatrix} 1 & 2 & 3 \\ m_1 & m_2 & m_3 \end{pmatrix}$. Die Vertauschung $\begin{pmatrix} 1 & 2 & 3 \\ 1 & 2 & 3 \end{pmatrix}$, bei der jedes Ding sich selbst zugeordnet wird, spielt also bei der Vertauschungsmultiplikation gewissermaßen die Rolle des Einheitselements. — Im übrigen erhält man bei Benützung der in (1) eingeführten Abkürzungen z. B. die folgenden Gleichungen:

$$(3)\quad \left\{ \begin{array}{l} \mathfrak{Z}_1 \cdot \mathfrak{Z}_1 = \mathfrak{Z}_2; \quad \mathfrak{Z}_1 \cdot \mathfrak{Z}_1 \cdot \mathfrak{Z}_1 = \mathfrak{Z}_1 \cdot \mathfrak{Z}_2 = \mathfrak{Z}_2 \cdot \mathfrak{Z}_1 = \mathfrak{Z}_0; \\ \mathfrak{Z}_2 \cdot \mathfrak{Z}_2 = \mathfrak{Z}_1; \quad \mathfrak{Z}_2 \cdot \mathfrak{Z}_2 \cdot \mathfrak{Z}_2 = \mathfrak{Z}_2 \cdot \mathfrak{Z}_1 = \mathfrak{Z}_1 \cdot \mathfrak{Z}_2 = \mathfrak{Z}_0. \\ \mathfrak{Z}_1 \cdot \mathfrak{T}_1 = \mathfrak{Z}_2 \cdot \mathfrak{T}_2 = \mathfrak{T}_3; \ \mathfrak{Z}_1 \cdot \mathfrak{T}_2 = \mathfrak{Z}_2 \cdot \mathfrak{T}_3 = \mathfrak{T}_1; \\ \mathfrak{Z}_1 \cdot \mathfrak{T}_3 = \mathfrak{Z}_2 \cdot \mathfrak{T}_1 = \mathfrak{T}_2. \\ \mathfrak{T}_1 \cdot \mathfrak{Z}_1 = \mathfrak{T}_3 \cdot \mathfrak{Z}_2 = \mathfrak{T}_2; \ \mathfrak{T}_2 \cdot \mathfrak{Z}_1 = \mathfrak{T}_1 \cdot \mathfrak{Z}_2 = \mathfrak{T}_3; \\ \mathfrak{T}_3 \cdot \mathfrak{Z}_1 = \mathfrak{T}_2 \cdot \mathfrak{Z}_2 = \mathfrak{T}_1. \\ \mathfrak{T}_1 \cdot \mathfrak{T}_1 = \mathfrak{T}_2 \cdot \mathfrak{T}_2 = \mathfrak{T}_3 \cdot \mathfrak{T}_3 = \mathfrak{Z}_0. \end{array} \right.$$

Die Vertauschungen $\mathfrak{T}_1, \mathfrak{T}_2, \mathfrak{T}_3$, bei denen nur zwei Dinge vertauscht werden, heißen „Transpositionen". Die Vertauschungen $\mathfrak{Z}_1, \mathfrak{Z}_2$ werden als „Zyklen" (Einzahl „Zyklus") bezeichnet; es ist zweckmäßig, auch $\mathfrak{Z}_0$ als einen (uneigentlichen) Zyklus anzusehen. — Ein Vertauschungssystem Γ heißt „Gruppe", wenn es gleichzeitig mit zwei beliebigen Vertauschungen $\mathfrak{V}, \mathfrak{W}$ stets auch das Produkt $\mathfrak{V} \cdot \mathfrak{W}$ enthält[1]). Die 6 Vertauschungen (1) bilden selbstverständlich zusammengenommen eine Gruppe Γ_6. Aber auch das System $\mathfrak{Z}_0$, $\mathfrak{Z}_1, \mathfrak{Z}_2$ bildet für sich eine Gruppe Γ_3, eine „Untergruppe" der größeren Gruppe Γ_6.

Es sei jetzt $p(x) = x^3 + a_1 x^2 + a_2 x + a_3 = (x - \alpha_1) \cdot (x - \alpha_2) \cdot (x - \alpha_3) = 0$ eine Gleichung dritten Grades über dem Beiwertkörper $\mathfrak{K}$ mit Diskr. $d \neq 0$. Ist $\delta = \delta\ (\alpha_1, \alpha_2, \alpha_3)$ ein Polynom in den Wurzeln α_i von $p(x)$ mit Beiwerten aus $\mathfrak{K}$, $\mathfrak{V}$ eine Vertauschung aus der Reihe (1), so soll unter $\delta \cdot \mathfrak{V}$ dasjenige Polynom verstanden werden, das entsteht, wenn man auf die „Dinge" α_i die Vertauschung $\mathfrak{V}$ ausübt. — Offenbar ist stets $\delta \cdot (\mathfrak{V} \cdot \mathfrak{W}) = (\delta \cdot \mathfrak{V}) \cdot \mathfrak{W}$.

Löst man die Gleichung $p(x) = 0$ nach der Cardanischen Methode, so hat man zunächst die Quadratwurzel $\delta = (\alpha_1 - \alpha_2) \cdot (\alpha_1 - \alpha_3) \cdot (\alpha_2 - \alpha_3)$ aus der Diskriminante $d = \prod\limits_{i<k} (\alpha_i - \alpha_k)^2$ zu bilden, d. h. man geht vom Körper $\mathfrak{K}$ zum Körper $\mathfrak{K}_1 = \mathfrak{K}[\delta]$ über. Für δ wird offenbar

(4) $\delta \cdot \mathfrak{Z}_0 = \delta \cdot \mathfrak{Z}_1 = \delta \cdot \mathfrak{Z}_2 = \delta;\ \delta \cdot \mathfrak{T}_1 = \delta \cdot \mathfrak{T}_2 = \delta \cdot \mathfrak{T}_3 = -\delta$,

und zwar gelten diese Gleichungen „formal", d. h. sie würden auch dann gelten, wenn die α_i Unbestimmte und nicht die Nullstellen von $p(x)$ wären. — Wir zeigen nun:

Bleibt $\gamma(\alpha_1, \alpha_2, \alpha_3)$ bei der Vertauschung $\mathfrak{Z}_1$ der α_i formal ungeändert, $\gamma \cdot \mathfrak{Z}_1 = \gamma \cdot \mathfrak{Z}_0 = \gamma$, so gehört γ stets zum Körper $\mathfrak{K}_1$.

---

[1]) Die Definition gilt natürlich auch, wenn Vertauschungen von n Dingen betrachtet werden. Man verifiziert leicht, daß bei einer Gruppe Γ von Vertauschungen die Bedingungen 1.—4. von § 1, S. 9 alle erfüllt sind. Insbesondere enthält Γ stets die Einsvertauschung $\mathfrak{E}$, und zu jeder Vertauschung $\mathfrak{V}$ die durch $\mathfrak{V}^{-1} \cdot \mathfrak{V} = \mathfrak{V} \cdot \mathfrak{V}^{-1} = \mathfrak{E}$ gekennzeichnete Umkehrung $\mathfrak{V}^{-1}$.

In der Tat, setzen wir $\gamma' = \gamma \cdot \mathfrak{T}_1$, so erhält man mit Hilfe der Formeln (3) für γ und γ' die Gleichungen

(5) $\gamma \cdot \mathfrak{Z}_2 = \gamma \cdot \mathfrak{Z}_1 = \gamma \cdot \mathfrak{Z}_0 = \gamma$; $\gamma' = \gamma' \cdot \mathfrak{Z}_1 = \gamma' \cdot \mathfrak{Z}_2$; $\gamma = \gamma' \cdot \mathfrak{T}_1 = \gamma' \cdot \mathfrak{T}_2 = \gamma' \cdot \mathfrak{T}_3$; $\gamma' = \gamma \cdot \mathfrak{T}_1 = \gamma \cdot \mathfrak{T}_2 = \gamma \cdot \mathfrak{T}_3$. (z. B.: $\gamma \cdot \mathfrak{Z}_2 = (\gamma \cdot \mathfrak{Z}_1) \cdot \mathfrak{Z}_2 = \gamma \cdot (\mathfrak{Z}_1 \mathfrak{Z}_2) = \gamma \cdot \mathfrak{Z}_0$; $\gamma \cdot \mathfrak{T}_2 = (\gamma \cdot \mathfrak{Z}_2) \cdot \mathfrak{T}_1 = \gamma \cdot \mathfrak{T}_1 = \gamma'$; $\gamma' \cdot \mathfrak{Z}_1 = \gamma \cdot (\mathfrak{T}_1 \mathfrak{Z}_1) = \gamma \cdot \mathfrak{T}_2 = \gamma'$ usw.). Aus den Gleichungen (5) folgt aber sofort, daß $\gamma + \gamma'$ und $(\gamma - \gamma') \cdot \delta$ symmetrische Funktionen der α_i und damit Elemente von $\mathfrak{K}$ sind, es wird also $\gamma = \frac{1}{2}\left((\gamma + \gamma') + \frac{\delta}{d}(\gamma - \gamma') \cdot \delta\right)$ wirklich ein Element von $\mathfrak{K}_1 = \mathfrak{K}[\delta]$.

Es sei nun $\varrho = \varrho(\alpha_1, \alpha_2, \alpha_3)$ ein beliebiges, nicht zu $\mathfrak{K}$ gehöriges Polynom in $\alpha_1, \alpha_2, \alpha_3$. Dann bleiben die Beiwerte des x-Polynoms $q(x) = (x - \varrho) \cdot (x - \varrho \cdot \mathfrak{Z}_1) \cdot (x - \varrho \cdot \mathfrak{Z}_2)$ offenbar formal ungeändert, wenn man auf die α_i die Vertauschung $\mathfrak{Z}_1$ anwendet. Die Beiwerte von $q(x)$ gehören also zu $\mathfrak{K}_1$, d. h. ϱ ist über $\mathfrak{K}_1$ Nullstelle des Polynoms

$$(x - \varrho) \cdot (x - \varrho \cdot \mathfrak{Z}_1) \cdot (x - \varrho \cdot \mathfrak{Z}_2).$$

Die Tatsache, daß man zur Bildung von $q(x)$ nur die zyklischen Wurzelvertauschungen $\mathfrak{Z}_1$ und $\mathfrak{Z}_2 = \mathfrak{Z}_1 \cdot \mathfrak{Z}_1$ heranziehen muß, gestattet die Konstruktion eines Elementes ϱ^*, das über $\mathfrak{K}_1$ einer binomischen Gleichung genügt.

Man stützt sich dabei auf folgende Überlegungen: Die Gleichung $x^3 + lx^2 + mx + n = (x - \beta_1) \cdot (x - \beta_2) \cdot (x - \beta_3)$ ist dann und nur dann binomisch ($l = m = 0$), wenn $\beta_1, \beta_2, \beta_3$ bei geeigneter Anordnung den Gleichungen $\beta_2 = \varepsilon \cdot \beta_1$, $\beta_3 = \varepsilon^2 \cdot \beta_1$ genügen, wobei ε eine primitive dritte Einheitswurzel bedeutet. Es kommt daher offenbar nur darauf an, $\varrho^* = \varrho^*(\alpha_1, \alpha_2, \alpha_3)$ so zu bestimmen, daß $\varrho^* \cdot \mathfrak{Z}_1 = \varepsilon \cdot \varrho^*$,

$\varrho^* \cdot \mathfrak{Z}_2 = \varepsilon^2 \cdot \varrho^*$ (oder auch $\varrho^* \cdot \mathfrak{Z}_2 = \varepsilon \cdot \varrho^*, \varrho^* \cdot \mathfrak{Z}_1 = \varepsilon^2 \cdot \varrho^*$) wird. Nehmen wir nun an, ε gehöre bereits zu $\mathfrak{K}$ und damit erst recht zu $\mathfrak{K}_1$, so können wir zwei Polynome ϱ^* der gesuchten Art sofort hinschreiben, nämlich

$$(6) \qquad \begin{aligned} \varrho_1^* &= 3u = \alpha_1 + \varepsilon^2 \cdot \alpha_2 + \varepsilon \cdot \alpha_3\,, \\ \varrho_2^* &= 3v = \alpha_1 + \varepsilon \cdot \alpha_2 + \varepsilon^2 \cdot \alpha_3\,. \end{aligned}$$

Es ergibt sich $\varrho_1^* \cdot \mathfrak{Z}_1 = \alpha_2 + \varepsilon^2 \cdot \alpha_3 + \varepsilon \cdot \alpha_1 = \varepsilon \cdot \varrho_1^*$, $\varrho_1^* \cdot \mathfrak{Z}_2 = (\varrho_1^* \cdot \mathfrak{Z}_1) \cdot \mathfrak{Z}_1 = \varepsilon^2 \cdot \varrho_1^*$, während $\varrho_2^* \cdot \mathfrak{Z}_1 = \varepsilon^2 \cdot \varrho_2^*$, $\varrho_2^* \cdot \mathfrak{Z}_2 = \varepsilon \cdot \varrho_2^*$ wird. Setzt man in den Formeln (8) bzw. (9) von § 18 jeweils α_i statt y_i bzw. x_i, und beachtet man die Gleichungen $\varepsilon^3 = 1$, $1 + \varepsilon + \varepsilon^2 = 0$, so sieht man sofort, daß die Größen $u = \frac{\varrho_1^*}{3}$, $v = \frac{\varrho_2^*}{3}$ mit den in der Cardanischen Formel auftretenden Größen u, v identisch sind. Damit ist der zunächst so merkwürdig anmutende Bau der Cardanischen Formel verständlich gemacht.

§ 28. Zyklische Gleichungen und Lagrangesche Resolventen

Die Überlegungen von § 27 haben den großen Vorteil, daß sie sich in geeigneter Fassung auf Gleichungen beliebigen Grades übertragen lassen. Dabei wird es sich allerdings nicht mehr um die Betrachtung von „allgemeinen" Gleichungen handeln. — Eine Vertauschung von n Dingen soll „Zyklus" heißen, wenn sie sich durch geeignete Numerierung der Dinge auf die Gestalt

$$(1) \qquad \mathfrak{Z} = \begin{pmatrix} 1 & 2 & 3 \ldots n-2 & n-1 & n \\ 2 & 3 & 4 \ldots n-1 & n & 1 \end{pmatrix}$$

bringen läßt. Man sieht sofort: $\mathfrak{Z}_1$ und $\mathfrak{Z}_2$ von § 27 sind Zyklen im Sinne der neuen Definition. Durch mehrfache Anwendung der Vertauschung $\mathfrak{Z}$ ergibt sich:

$$(2)\quad \begin{cases} \mathfrak{Z}\cdot\mathfrak{Z}=\mathfrak{Z}^2=\begin{pmatrix}1&2&3\dots&n-2&n-1&n\\3&4&5\dots&n&1&2\end{pmatrix};\\ \mathfrak{Z}^3=\mathfrak{Z}^2\cdot\mathfrak{Z}=\mathfrak{Z}\cdot\mathfrak{Z}^2=\begin{pmatrix}1&2&3\dots&n-2&n-1&n\\4&5&6\dots&1&2&3\end{pmatrix};\\ \mathfrak{Z}^{n-1}=\begin{pmatrix}1&2&3\dots&n-2&n-1&n\\n&1&2\dots&n-3&n-2&n-1\end{pmatrix};\\ \mathfrak{Z}^n=\mathfrak{Z}^0=\begin{pmatrix}1&2&3\dots&n-2&n-1&n\\1&2&3\dots&n-2&n-1&n\end{pmatrix}.\end{cases}$$

Wir betrachten jetzt eine binomische Gleichung $x^n - a = (x-\alpha_1)\cdot(x-\alpha_2)\cdot\ldots\cdot(x-\alpha_n)$ über einem Körper $\mathfrak{K}$, der die n-te Einheitswurzel $\varepsilon = e^{\frac{2\pi i}{n}}$ enthält. Bei geeigneter Numerierung ist $\alpha_2 = \varepsilon\cdot\alpha_1, \alpha_3 = \varepsilon^2\cdot\alpha_1, \ldots \alpha_n = \varepsilon^{n-1}\cdot\alpha_1$, und mit Hilfe dieser Bemerkung zeigt man leicht:

Ein Polynom $\varrho\,(\alpha_1,\ldots\alpha_n)$ mit Beiwerten aus $\mathfrak{K}$, das bei der Wurzelvertauschung $\mathfrak{Z}$ formal ungeändert bleibt, $\varrho\cdot\mathfrak{Z}=\varrho$, ist stets ein Element von $\mathfrak{K}$.

In der Tat, wir haben

$$\varrho(\alpha_1,\alpha_2,\ldots\alpha_n) = \varrho\,(\alpha_1,\varepsilon\cdot\alpha_1,\ldots\varepsilon^{n-1}\cdot\alpha_1) = P(\alpha_1).$$

Bilden wir nun das x-Polynom

$$(3)\quad \begin{aligned} q(x) &= (x-P(\alpha_1))\cdot(x-P(\alpha_2))\cdot\ldots\cdot(x-P(\alpha_n))\\ &= (x-P(\alpha_1))\cdot(x-P(\varepsilon\cdot\alpha_1))\cdot\ldots\cdot(x-P(\varepsilon^{n-1}\cdot\alpha_1)),\end{aligned}$$

so hat $q(x)$ symmetrische Funktionen der α_i, d. h. Elemente aus $\mathfrak{K}$ als Beiwerte. Andererseits ist $P(\varepsilon\cdot\alpha_1) = \varrho(\varepsilon\cdot\alpha_1,\varepsilon^2\cdot\alpha_1,\ldots\varepsilon^n\cdot\alpha_1) = \varrho(\alpha_2,\alpha_3,\ldots\alpha_n,\alpha_1) = \varrho\cdot\mathfrak{Z}$, und daraus folgt weiter $P(\varepsilon^2\cdot\alpha_1) = P(\varepsilon\cdot(\varepsilon\cdot\alpha_1)) = \varrho\cdot\mathfrak{Z}^2$, $P(\varepsilon^3\cdot\alpha_1) = \varrho\cdot\mathfrak{Z}^3$ usw. Schließlich ist nach Voraussetzung $\varrho\cdot\mathfrak{Z}=\varrho$ und damit auch $\varrho\cdot\mathfrak{Z}^2 = (\varrho\cdot\mathfrak{Z})\cdot\mathfrak{Z} = \varrho$, $\varrho\cdot\mathfrak{Z}^3 = \varrho, \ldots \varrho\cdot\mathfrak{Z}^{n-1} = \varrho$. — Es wird also $q(x) = (x-\varrho)^n$, $x-\varrho = \dfrac{n\cdot q(x)}{q'(x)}$ (vgl. § 10), d. h., es gehört ϱ zu $\mathfrak{K}$.

Wir wollen nun allgemein die Gleichung

$$p(x) = (x - \alpha_1) \cdot \ldots \cdot (x - \alpha_n) = 0$$

(das Polynom $p(x)$) über dem $\varepsilon = e^{\frac{2\pi i}{n}}$ enthaltenden Körper $\mathfrak{K}$ „zyklisch" nennen, wenn $p(x) = 0$ bei geeigneter Numerierung der α_i ebenso wie die binomische Gleichung $x^n - a = 0$ die Eigenschaft besitzt, daß ein Polynom $\varrho(\alpha_1, \ldots \alpha_n)$ mit Beiwerten aus $\mathfrak{K}$ stets zu $\mathfrak{K}$ gehört, falls es bei der Anwendung des Zyklus $\mathfrak{Z}$ formal ungeändert bleibt, $\varrho \cdot \mathfrak{Z} = \varrho$[1]. — Zunächst sieht man bei einer zyklischen Gleichung sofort:

Ist $\varrho = \varrho(\alpha_1, \ldots \alpha_n)$ ein beliebiges Polynom in $\alpha_1, \ldots \alpha_n$ mit Beiwerten aus $\mathfrak{K}$, so genügt ϱ über $\mathfrak{K}$ der Gleichung

$$q(x) = (x - \varrho) \cdot (x - \varrho \cdot \mathfrak{Z}) \cdot (x - \varrho \cdot \mathfrak{Z}^2) \cdot \ldots \cdot (x - \varrho \cdot \mathfrak{Z}^{n-1}) = 0.$$

In der Tat, es wird

$$q(x) \cdot \mathfrak{Z} = (x - \varrho \cdot \mathfrak{Z}) \cdot (x - \varrho \cdot \mathfrak{Z}^2) \cdot \ldots \cdot (x - \varrho \cdot \mathfrak{Z}^{n-1}) \cdot (x - \varrho \cdot \mathfrak{Z}^n) = (x - \varrho \cdot \mathfrak{Z}) \cdot \ldots \cdot (x - \varrho \cdot \mathfrak{Z}^{n-1}) \cdot (x - \varrho) = q(x),$$

die Beiwerte des Polynoms $q(x)$ bleiben also bei der Anwendung des Zyklus $\mathfrak{Z}$ ungeändert und gehören somit zu $\mathfrak{K}$.

Andererseits zeigt eine fast selbstverständliche Rechnung: Für die Polynome

$$(4) \qquad \lambda_i = \alpha_1 + \varepsilon^{-i} \cdot \alpha_2 + \varepsilon^{-2i} \cdot \alpha_3 + \cdots + \varepsilon^{-(n-1) \cdot i} \cdot \alpha_n \qquad (i = 1, \ldots n)$$

wird $\lambda_i \cdot \mathfrak{Z} = \varepsilon^i \cdot \lambda_i$ und infolgedessen allgemein $\lambda_i \cdot \mathfrak{Z}^k = \varepsilon^{i \cdot k} \cdot \lambda_i$ $(k = 1, 2, \ldots)$. Über $\mathfrak{K}$ genügt also λ_i der Gleichung:

$$(5) \qquad l_i(x) = (x - \lambda_i) \cdot (x - \varepsilon^i \cdot \lambda_i) \cdot (x - \varepsilon^{2i} \cdot \lambda_i) \cdot \ldots \cdot (x - \varepsilon^{(n-1) \cdot i} \lambda_i) = 0.$$

Ist für ein bestimmtes i etwa s_i der gr. g. T. von i und n, und setzen wir $n = r_i \cdot s_i$, so ist ε^i eine primitive r_i-te Einheits-

[1] Daß ε in $\mathfrak{K}$ enthalten sein soll, ist nur für die später vorzunehmende Auflösung durch Radikale, nicht aber für die Definition der zyklischen Gleichung an sich eine wesentliche Voraussetzung. — Über eine andere Fassung des Begriffs der zyklischen Gleichung vgl. den Schluß von § 29.

wurzel, und es kommt in der Reihe $1 = \varepsilon^{0 \cdot i}, \varepsilon^i, \varepsilon^{2i}, \ldots \varepsilon^{(n-1) \cdot i}$ jede r_i-te Einheitswurzel genau s_i-mal vor. (Vgl. § 17.) Es muß daher $l_i(x)$ die Gestalt $l_i(x) = (x^r - \lambda_i^{r_i})^{s_i}$ haben, und da gleichzeitig mit $(x^{r_i} - \lambda_i^{r_i})^{s_i} = l_i(x)$ stets auch

$$x^{r_i} - \lambda_i^{r_i} = \frac{n \cdot x^{r_i - 1} \cdot l_i(x)}{l_i'(x)}$$

Beiwerte aus $\mathfrak{K}$ besitzt, ist jedes λ_i über $\mathfrak{K}$ die Nullstelle eines Binoms. Andererseits folgt aus den Gleichungen $1 + \varepsilon^k + \varepsilon^{2k} + \cdots + \varepsilon^{(n-1) \cdot k} = 0 \; (k = 1, \ldots n-1)$ sofort:

$$(6) \quad \alpha_k = \frac{1}{n} \cdot (\varepsilon^{k-1} \cdot \lambda_1 + \varepsilon^{2 \cdot (k-1)} \cdot \lambda_2 + \cdots + \varepsilon^{n \cdot (k-1)} \cdot \lambda_n)$$

$$(k = 1, \ldots n).$$

Insbesondere wird $\alpha_1 = \frac{1}{n} \cdot (\lambda_1 + \lambda_2 + \cdots + \lambda_n)$. — *Die Auflösung der zyklischen Gleichung $p(x) = 0$ ist also gleichwertig mit der Auflösung der binomischen Hilfsgleichungen $x^{r_i} - l_i = 0$ $(l_i = \lambda_i^{r_i};\ i = 1, \ldots n)$.*

Die Größen $\lambda_i = \sum_{k=0}^{n-1} \varepsilon^{-i \cdot k} \alpha_{k+1}$ heißen nach ihrem Entdecker „Lagrangesche Resolventen" (vgl. § 38).

Eine genauere Untersuchung der Auflösung der zyklischen Gleichung $p(x) = 0$ zeigt, daß man garnicht die n binomischen Hilfsgleichungen $x^{r_i} - l_i = 0$ alle braucht, sondern daß man mit einer einzigen, passend ausgewählten Hilfsgleichung auskommt. Wir gehen auf diesen Punkt nicht näher ein. Auch verzichten wir auf die Beantwortung der eng damit zusammenhängenden Frage, wie man entscheidet, welche unter den r_i Wurzeln von $x^{r_i} - l_i = 0 \; (i = 1, \ldots n)$ mit λ_i bezeichnet werden muß, wenn die Gleichungen (6) gelten sollen. Das sind alles zweitrangige Probleme. — Denn später (beim Aufbau allgemeiner Radikalkörper oder in der Kreisteilungstheorie) werden wir es in erster Linie mit dem Fall zu tun haben, daß ein zyklisches Polynom $p(x)$ von Primzahlgrad n vorliegt, das über dem Grundkörper $\mathfrak{K}$ unzerlegbar ist.

und bei dem sich alle Nullstellen α_i rational über $\mathfrak{K}$ durch eine einzige — etwa durch α_1 — darstellen lassen. In diesem Falle ist aber unmittelbar klar, daß die Gleichung $x^n - l_i = 0$ eine Resolvente von $p(x) = 0$ bildet, und daß dementsprechend die Körper $\mathfrak{K}(\alpha_1)$ und $\mathfrak{K}(\lambda_i)$ identisch sind, sofern nur λ_i kein Element des Grundkörpers $\mathfrak{K}$ ist. Andererseits können wegen (6) unmöglich alle λ_i zu $\mathfrak{K}$ gehören. Bei dem uns hauptsächlich interessierenden Typ von zyklischen Gleichungen ist also die Möglichkeit, mit einer einzigen binomischen Hilfsgleichung auszukommen, ohne jede Rechnung rein begrifflich einzusehen.

§ 29. Unzerlegbare zyklische Polynome Die Galoissche Gruppe

Es sei $P(x) = x^n + a_1 x^{n-1} + \cdots + a_n$ ein über dem Körper $\mathfrak{K}$ unzerlegbares Polynom. Wir nehmen an, es sei eine Wurzel α_2 von $P(x)$ rational über $\mathfrak{K}$ durch eine andere Wurzel α_1 darstellbar, es gelte also eine Gleichung $\alpha_2 = p(\alpha_1)$, wobei $p(x)$ als Polynom über $\mathfrak{K}$ angenommen werden darf. (Vgl. § 23; $a(x_1, \ldots x_n)$, $b(x)$ usw. bedeuten im folgenden stets Polynome über $\mathfrak{K}$). Die Polynome $p^{(i)}(x)$ definieren wir schrittweise durch die Festsetzung $p^{(1)}(x) = p(x)$; $p^{(i)}(x) = p(p^{(i-1)}(x))$ $(i = 2, 3, \ldots)$. Offenbar ist stets $p^{(i)}(p^{(k)}(x)) = p^{(i+k)}(x)$.

Nach dem Gleichberechtigungssatz von § 24 sind mit $\alpha_2 = p^{(1)}(\alpha_1)$ auch $\alpha_3 = p^{(1)}(\alpha_2) = p^{(2)}(\alpha_1)$, $\alpha_4 = p^{(1)}(\alpha_3)$ $= p^{(3)}(\alpha_1), \ldots$ Wurzeln von $P(x)$. In der Reihe $\alpha_1, \alpha_2, \ldots$ muß spätestens α_{n+1} gleich einem vorangehenden Glied werden. Es sei r die kleinste Zahl, für die $\alpha_{r+1} = \alpha_s (1 \leqq s \leqq r)$ wird. Dann ist jedenfalls $s < r$, weil aus $\alpha_{r+1} = p(\alpha_r) = \alpha_r$ nach dem Gleichberechtigungssatz $\alpha_2 = p(\alpha_1) = \alpha_1$ folgen würde. Außerdem dürfen und wollen wir $s = 1$ annehmen, weil wir für $s > 1$ die Reihe einfach mit α_s statt mit α_1 beginnen könnten. — Aus $\alpha_{r+1} = \alpha_1$ folgt sofort $\alpha_{r+2} = \alpha_2$, $\alpha_{r+3} = \alpha_3, \ldots$ usw. Ist $r < n$, so sei β_1 eine nicht zu den α_i gehörige Wurzel von $P(x)$. Nach dem Gleichberechtigungssatz sind dann auch $\beta_i = p^{(i-1)}(\beta_1)$ $(i = 2, 3, \ldots)$ Wurzeln von $P(x)$, und zwar sind $\beta_1, \beta_2, \ldots \beta_r$ alle untereinander verschieden, während $\beta_{r+1} = \beta_1, \beta_{r+2} = \beta_2, \ldots$ wird. Außerdem kann keine Gleichung $\beta_i = \alpha_k$ gelten, weil sonst auch $\beta_1 = \beta_{i+(r-i+1)} = \alpha_{k+(r-i+1)}$ in der Reihe der α_i vorkommen müßte. — Ist $2r < n$, so sei γ_1 eine weder zu den α_i noch zu den β_i gehörige Wurzel von $p(x)$. Mit Hilfe der bereits zweimal benutzten Überlegungen erhält man dann eine dritte Wurzelreihe $\gamma_1, \ldots \gamma_r$, wobei die γ_i untereinander, sowie von den α_i und β_i verschieden sind, usw. — Das Endergebnis lautet offenbar:

Es muß r ein Teiler von n sein. $n = r \cdot s$. Die n Wurzeln von $P(x)$ zerfallen in s Reihen von je r Gliedern. In jeder einzelnen Reihe $\lambda_1, \ldots \lambda_r$ ist $\lambda_i = p^{(i-1)}(\lambda_1)$ $(i = 2, \ldots r)$; $\lambda_{r+1} = p^{(r)}(\lambda_1) = \lambda_1$.

Wir betrachten nun insbesondere den Fall $s = 1$, $r = n$, einen Fall, der wegen $r > 1$ z. B. bei einer Primzahl n stets vorliegt. Die Wurzeln von $P(x)$ bilden dann eine einzige Reihe $\alpha_1, \ldots \alpha_n$, und es ist zweckmäßig, α_k für $k > n$ durch die Festsetzung „$\alpha_i = \alpha_k$, wenn $i \equiv k(n)$" zu definieren, so daß für jedes $k > 1$ die Gleichung $\alpha_k = p^{(k-1)}(\alpha_1)$ gilt. Mit $\mathfrak{Z}$ bezeichnen wir wie früher die zyklische Wurzelvertauschung $\begin{pmatrix} 1 & 2 & \ldots & n \\ 2 & 3 & \ldots & 1 \end{pmatrix}$. Γ bedeute die Gruppe der Vertauschungen $\{\mathfrak{Z}, \mathfrak{Z}^2, \ldots \mathfrak{Z}^n = \mathfrak{Z}^0\}$. Wir zeigen zunächst:

Γ besteht aus allen und nur den Wurzelvertauschungen $\begin{pmatrix} 1 & \ldots & n \\ i_1 & \ldots & i_n \end{pmatrix}$, die die Eigenschaft haben, daß sie jede richtige, für $\alpha_1, \ldots \alpha_n$ über $\mathfrak{K}$ gültige Gleichung wieder in eine richtige Gleichung überführen, daß also aus $a(\alpha_1, \ldots \alpha_n) = 0$ stets $a(\alpha_{i_1}, \ldots \alpha_{i_n}) = 0$ folgt.

In der Tat, es sei $a(\alpha_1, \ldots \alpha_n) = 0$, $a(\alpha_1, \ldots \alpha_n) \cdot \mathfrak{Z} = a(\alpha_2, \alpha_3, \ldots \alpha_1)$. Dann ist

$$a(\alpha_1, \ldots \alpha_n) = a(\alpha_1, p^{(1)}(\alpha_1), \ldots p^{(n-1)}(\alpha_1)) = c(\alpha_1),$$
$$a(\alpha_2, \alpha_3, \ldots \alpha_1) = a(\alpha_2, p^{(1)}(\alpha_2), \ldots p^{(n-1)}(\alpha_2)) = c(\alpha_2),$$

und aus $c(\alpha_1) = 0$ folgt $c(\alpha_2) = 0$ nach dem Gleichberechtigungssatz. Ebenso ergibt sich

$$a(\alpha_1, \ldots \alpha_n) \cdot \mathfrak{Z}^i = a(\alpha_{i+1}, \alpha_{i+2}, \ldots \alpha_{i+n}) = c(\alpha_{i+1}) = 0$$

für $i = 2, 3, \ldots n-1$. — Es sei andererseits $\begin{pmatrix} 1 & \ldots & n \\ i_1 & \ldots & i_n \end{pmatrix}$ eine beliebige Vertauschung, die jede richtige Gleichung wieder in eine richtige überführt; dann folgt aus $\alpha_2 = p(\alpha_1)$ jedenfalls $\alpha_{i_2} = p(\alpha_{i_1}) = \alpha_{i_1+1}$, $i_2 = i_1 + 1$, und in gleicher Weise ergibt sich $\alpha_{i_3} = p^{(2)}(\alpha_{i_1}) = \alpha_{i_1+2}$, $i_3 = i_1 + 2$; $\alpha_{i_4} = p^{(3)}(\alpha_{i_1}) = \alpha_{i_1+3}$, $i_4 = i_1 + 3$ usw. Das heißt aber: $\begin{pmatrix} 1 & \ldots & n \\ i_1 & \ldots & i_n \end{pmatrix} = \mathfrak{Z}^{i_1-1}$.

Aus der Grundeigenschaft von Γ folgt insbesondere: *Ist ϱ ein beliebiges Element aus dem Körper $\mathfrak{L} = \mathfrak{K}(\alpha_1, \ldots \alpha_n)$, so hat $\varrho \cdot \mathfrak{Z}^i$ für jedes i einen von jeder speziellen Polynomdarstellung $\varrho = a(\alpha_1, \ldots \alpha_n)$ unabhängigen, eindeutig bestimmten Wert.*

Es sei nun ϱ ein Element aus $\mathfrak{L}$, bei dem $\varrho \cdot \mathfrak{Z}^i = \varrho$ $(i = 1, \ldots n-1)$ wird. Stellen wir dann mit Hilfe der Gleichungen $\alpha_i = p^{(i-1)}(\alpha_1)$ unser ϱ als Polynom in α_1 allein dar, $\varrho = c(\alpha_1)$, so wird $\varrho = c(\alpha_1) = c(\alpha_2) = \cdots = c(\alpha_n)$, und daraus ergibt sich genau so wie in § 28 die Zugehörigkeit von ϱ zum Ausgangskörper $\mathfrak{K}$. Das heißt aber:

Ist bei dem über $\mathfrak{K}$ unzerlegbaren Polynom $P(x) = x^n + \cdots + a_n$ eine Wurzel α_2 rational durch eine andere darstellbar, $\alpha_2 = p(\alpha_1)$, und sind die Wurzeln $\alpha_i = p(\alpha_{i-1})$ $(i = 2, 3, \ldots n+1)$ alle verschieden (eine Zusatzbedingung, die z. B. bei einer Primzahl n immer erfüllt ist), so ist das Polynom $P(x)$ zyklisch über $\mathfrak{K}$ im Sinne von § 28.

Es kann also bereits aus sehr einfachen Wurzelbeziehungen der zyklische Charakter einer gegebenen Gleichung erschlossen werden. (Die Existenz solcher Wurzelbeziehungen ergibt sich in den praktisch wichtigen Fällen aus der geometrischen oder analytischen Eigenart des Problems, das zu der betreffenden Gleichung führt.)

Im übrigen ist an unserem Ergebnis zunächst die Tatsache bemerkenswert, daß der für die höhere Gleichungstheorie geltende Gleichberechtigungssatz, der in den §§ 26—28 mit ihren mehr „formalen" an die Auflösung der „allgemeinen" Gleichung dritten Grades anknüpfenden Betrachtungen keine nennenswerte Rolle spielte, wieder in den Vordergrund tritt. Vor allem aber bietet die „Grundeigenschaft" der Gruppe Γ, auf die wir oben noch vor der Herstellung des Zusammenhanges mit den Begriffsbildungen von § 28 stießen, den Ansatzpunkt für eine ganz neue Untersuchungsreihe. Offenbar kann man zu einem Polynom $a(x) = x^n + a_1 x^{n-1} + \ldots + a_n = (x - \alpha_1) \cdot \ldots \cdot (x - \alpha_n)$, von dem nur angenommen werden soll, daß es keine mehrfachen Nullstellen besitzt, über $\mathfrak{K}$ stets das System Γ aller der Vertauschungen $\mathfrak{T}$ der Nullstellen α_i bilden, die (in dem oben genau festgelegten Sinne) „jede richtige Gleichung über $\mathfrak{K}$ wieder in eine richtige überführen". Das System Γ, von dem es fast selbstverständlich ist, daß es mit zwei Vertauschungen $\mathfrak{S}, \mathfrak{T}$ stets auch $\mathfrak{S} \cdot \mathfrak{T}$ enthält, bildet dann die berühmte „Galoissche Gruppe des Polynoms $a(x)$ (oder auch der Gleichung $a(x) = 0$) über $\mathfrak{K}$", eine Gruppe, die in der modernen Gleichungstheorie eine überragende Stellung einnimmt. — Im Sinne der modernen Algebra ist dementsprechend auch der einzig richtige Ausgangspunkt für die Theorie der zyklischen Gleichungen die Definition: „Eine Gleichung $a(x) = 0$ heißt über $\mathfrak{K}$ zyklisch, wenn die zugehörige Galoissche Gruppe Γ zyklisch ist, d. h. nur aus einer einzigen Vertauschung $\mathfrak{Z}$ und ihren Potenzen $\mathfrak{Z}^2, \mathfrak{Z}^3, \ldots$ besteht".

Abschnitt V. Kreisteilungstheorie

§ 30. Grundlagen und Problemstellung

Bei der Zurückführung einer zyklischen Gleichung vom Grade n auf binomische Hilfsgleichungen mußten wir ausdrücklich voraussetzen, daß die n-ten Einheitswurzeln dem

Grundkörper $\mathfrak{K}$ angehörten. Bisher kennen wir aber für diese Einheitswurzeln nur die transzendente Darstellung mit Hilfe der trigonometrischen Funktionen Sinus und Cosinus. Es handelt sich nun darum, die algebraischen Beziehungen der n-ten Einheitswurzeln zum Körper $\mathfrak{K}_0$ der rationalen Zahlen zu untersuchen, d. h. die algebraische Theorie der Gleichung $x^n - 1 = 0$ über $\mathfrak{K}_0$ zu entwickeln. Dabei beschränken wir uns weitgehend auf den Fall, daß $n = p$ eine Primzahl darstellt.

Das Polynom $x^p - 1$ besitzt über $\mathfrak{K}_0$ die Zerlegung $x^p - 1 = (x - 1) \cdot (x^{p-1} + x^{p-2} + \cdots + 1)$ in die unzerlegbaren Faktoren $x - 1$ und $\pi(x) = x^{p-1} + x^{p-2} + \cdots + 1$ (vgl § 12). Nach § 17 ist eine beliebige Wurzel ε von $\pi(x)$ stets eine primitive p-te Einheitswurzel, und es stellen dementsprechend $\varepsilon, \varepsilon^2, \ldots \varepsilon^{p-1}, \varepsilon^p = 1$ die sämtlichen p-ten Einheitswurzeln dar. Da wir uns aber im folgenden nur für die Nullstellen des unzerlegbaren Polynoms $\pi(x)$ interessieren, zu denen die 1 nicht gehört, ist diese bisher immer benutzte Anordnung der Einheitswurzeln diesmal für unsere Zwecke ungeeignet. Zu einer neuen, brauchbaren Anordnung unter Ausschluß der 1 gelangen wir durch die folgende, an § 29 anknüpfende Überlegung:

Es sei $\varepsilon = \varepsilon_1$, ε_2 sei eine von ε_1 verschiedene Wurzel von $\pi(x)$[1]). Dann gilt jedenfalls eine Gleichung $\varepsilon_2 = \varepsilon_1^g$, d. h. wir haben $\varepsilon_2 = f(\varepsilon_1)$ mit $f(x) = x^g$. Bilden wir nun $\varepsilon_3 = \varepsilon_2^g = \varepsilon_1^{(g^2)}, \varepsilon_4 = \varepsilon_3^g = \varepsilon_1^{(g^3)}, \ldots \varepsilon_i = \varepsilon_{i-1}^g = \varepsilon^{(g^{i-1})}, \ldots$ so kommen wir nach § 29 immer wieder zu Wurzeln von $\pi(x)$. Da aber der Grad $p - 1$ von $\pi(x)$ keine Primzahl ist, stehen wir vor der Frage:

K a n n m a n ε_2, d. h. g i m m e r s o w ä h l e n, d a ß d i e W u r z e l n $\varepsilon_1, \varepsilon_2, \ldots \varepsilon_{p-1}$ v o n $\pi(x)$ a l l e v e r s c h i e d e n a u s f a l l e n, u n d d a ß d e m e n t s p r e c h e n d j e d e W u r z e l v o n $\pi(x)$ i n d e r R e i h e $\varepsilon_1, \ldots \varepsilon_{p-1}$ v o r k o m m t?

[1]) Die Bezeichnung ist hier etwas anders als in § 17!

Da ε^a dann und nur dann gleich ε^b wird, wenn a und b durch p geteilt denselben Rest lassen, $a \equiv b(p)$, handelt es sich für uns einfach darum, festzustellen, ob es stets ein g gibt mit der Eigenschaft, daß für $0 \leqq a < b \leqq p-2$ niemals $g^a \equiv g^b(p)$ wird. Die Antwort auf diese rein zahlentheoretische Frage, bei der uns hier nur das Endergebnis, nicht aber der an anderer Stelle (z. B. bei A. Scholz, Einführung in die Zahlentheorie, Sammlung Göschen Nr. 1131, § 18) zu findende Beweis interessiert, lautet bejahend:

Ist g eine beliebige durch p unteilbare ganze Zahl, so ist der kleinste positive Exponent r, für den $g^r \equiv 1(p)$ wird, stets ein Teiler von $p-1$. Ist $r = p-1$, so kann für $0 \leqq a < b \leqq p-2$ niemals $g^a \equiv g^b(p)$ sein. Es gibt stets Zahlen g, sogenannte „primitive Kongruenzwurzeln modulo p", für die $r = p-1$ wird.

Ein systematisches Verfahren, um zu jeder Primzahl p eine primitive Kongruenzwurzel g zu finden, gibt es nicht. Man ist auf Probieren angewiesen, wobei die folgenden Bemerkungen das Rechnen sehr erleichtern: a) Aus $g \equiv h(p)$ folgt $g^i \equiv h^i(p)$ für $i = 2, 3, \ldots$. Ist also g eine primitive Kongruenzwurzel, so ist es auch der kleinste positive Rest g^* von g nach p. Es gibt also stets primitive Kongruenzwurzeln unter den Zahlen $2, 3, \ldots p-1$. —— b) Da es stets auf die Reste nach p ankommt, kann man bei der Untersuchung einer festen Zahl g statt der Potenzen $g, g^2, g^3, \ldots$ auch die Reihe $g_0 = 1, g_1, g_2, g_3, \ldots$ bilden, wobei g_i für $i \geqq 1$ jeweils den kleinsten positiven Rest von $g \cdot g_{i-1}$ nach p bedeutet. c) g ist dann und nur dann eine primitive Kongruenzwurzel, wenn $g^d \not\equiv 1(p)$ für jeden echten Teiler d von $p-1$.

Es sei nun $\varepsilon = \varepsilon_1$ eine feste primitive p-te Einheitswurzel, g eine feste primitive Kongruenzwurzel modulo p, und es werde $\varepsilon_i = f(\varepsilon_{i-1}) = \varepsilon_{i-1}^g$ $(i = 2, 3, \ldots)$ gesetzt. Dann besteht die Reihe $\varepsilon_1, \varepsilon_2, \ldots \varepsilon_{p-1}$ gerade aus sämtlichen Wurzeln von $\pi(x)$, und es wird wegen $g^{p-1} \equiv 1\,(p)$ außerdem $\varepsilon_p = \varepsilon_1$, $\varepsilon_{p+1} = \varepsilon_2, \ldots$, d. h. allgemein $\varepsilon_a = \varepsilon_b$, falls $a \equiv b\,(p-1)$.

Unter diesen Umständen ist aber die Gleichung $\pi(x) = 0$ *nach § 29 zyklisch, und es besteht die zugehörige Galoissche Gruppe* Γ_{p-1} *aus allen Potenzen der Vertauschung*

$$\mathfrak{Z} = \begin{pmatrix} 1 & 2 & \cdots & p-2 & p-1 \\ 2 & 3 & \ldots & p-1 & 1 \end{pmatrix}.$$

In der Gaußschen Kreisteilungstheorie handelt es sich nun darum, die zyklische Gleichung $\pi(x)$, deren Grad $p-1$ sicher keine Primzahl ist, auf zyklische Hilfsgleichungen von Primzahlgrad zurückzuführen. Zu diesem Zwecke behandeln wir zunächst ein scheinbar ganz anderes, im Grunde viel umfassenderes Problem. Wir stellen uns nämlich die Aufgabe, die sämtlichen Körper zu bestimmen, die zwischen dem Körper $\mathfrak{K}_0 = \mathfrak{K}^{(1)}$ der rationalen Zahlen und dem p-ten Einheitswurzelkörper $\mathfrak{K}^{(1)}[\varepsilon] = \mathfrak{K}^{(p-1)}$ liegen. Dabei stoßen wir auf neue, überraschende Eigenschaften der zur Gleichung $\pi(x)$ gehörigen Galoisschen Vertauschungsgruppe Γ_{p-1}: Es zeigt sich, daß die gesuchten Zwischenkörper umkehrbar eindeutig den Untergruppen von Γ_{p-1} zugeordnet werden können.

§ 31. Zuordnung zwischen Gruppen und Körpern

Wir wenden uns zum Beweis des am Schlusse von § 30 aufgestellten Satzes und bestimmen dazu zunächst die sämtlichen Untergruppen von $\Gamma_{p-1} = \Gamma^{(1)} = \{\mathfrak{Z}^0, \mathfrak{Z}^1, \ldots \mathfrak{Z}^{p-1}\}$. — Es sei Γ eine Untergruppe von $\Gamma^{(1)}$, die von der aus der einzigen Vertauschung $\mathfrak{Z}^0 = \mathfrak{Z}^{p-1}$ bestehenden „trivialen“ Untergruppe $\Gamma_1 = \Gamma^{(p-1)} = \{\mathfrak{Z}^0\}$ verschieden ist. Dann wählen wir in Γ die Vertauschung $\mathfrak{Z}^t$ so, daß der von 0 verschiedene Exponent t möglichst klein wird, und behaupten: t ist ein Teiler von $p-1$, also $p-1 = s \cdot t$, und es besteht

$\Gamma = \Gamma_s = \Gamma^{(t)} = \{\mathfrak{Z}^t, \mathfrak{Z}^{2t}, \ldots \mathfrak{Z}^{s \cdot t}\}$ aus den s Vertauschungen $\mathfrak{Z}^t, \mathfrak{Z}^{2t}, \ldots \mathfrak{Z}^{s \cdot t} = \mathfrak{Z}^0$. In der Tat, mit $\mathfrak{Z}^t$ enthält die Gruppe Γ sicher auch $\mathfrak{Z}^{2t} = \mathfrak{Z}^t \cdot \mathfrak{Z}^t$, $\mathfrak{Z}^{3t} = \mathfrak{Z}^{2t} \cdot \mathfrak{Z}^t$, ... Es sei nun $\mathfrak{Z}^k$ $(0 < k \leqq p-1;\ k = r \cdot t + l\,(0 \leqq l < t))$ eine beliebige Vertauschung aus Γ. Dann muß mit $\mathfrak{Z}^t$ und $\mathfrak{Z}^k$ auch $\mathfrak{Z}^{(p-1-r) \cdot t} \cdot \mathfrak{Z}^k = \mathfrak{Z}^{(p-1) \cdot t} \cdot \mathfrak{Z}^l = \mathfrak{Z}^0 \cdot \mathfrak{Z}^l = \mathfrak{Z}^l$ in Γ vorkommen, und wegen der Minimaleigenschaft von t muß $l = 0$, $k = r \cdot t$ sein. Insbesondere gelten diese Überlegungen auch für $k = p-1$, da $\mathfrak{Z}^0 = \mathfrak{Z}^{(p-1) \cdot t} = \mathfrak{Z}^{p-1}$ sicher zu Γ gehört. Fertig! — Andererseits folgt aus den für beliebiges k gültigen Gleichungen $\mathfrak{Z}^k = \mathfrak{Z}^{k+(p-1)} = \mathfrak{Z}^{k+2(p-1)} = \cdots$ mühelos, daß für jeden Teiler $t = \frac{p-1}{s}$ von $p-1$ das System $\mathfrak{Z}^t, \mathfrak{Z}^{2t}, \ldots \mathfrak{Z}^{s \cdot t} = \mathfrak{Z}^0$ gleichzeitig mit zwei Vertauschungen stets auch deren Produkt enthält und somit eine Gruppe bildet. Endergebnis: *Die Untergruppen von $\Gamma_{p-1} = \Gamma^{(1)}$ entsprechen umkehrbar eindeutig den Teilern $t = \frac{p-1}{s}$ von $p-1$. Die dem Teiler t zugeordnete Gruppe $\Gamma^{(t)} = \Gamma_s$ besteht aus den s Vertauschungen $\mathfrak{Z}^t, \mathfrak{Z}^{2t}, \ldots \mathfrak{Z}^{s \cdot t} = \mathfrak{Z}^0$.*

Es soll nun das Element α aus $\mathfrak{K}^{(p-1)} = \mathfrak{K}^{(1)}[\varepsilon]$ „zur Gruppe $\Gamma^{(t)}$ gehörig" heißen, wenn $\alpha \cdot \mathfrak{Z}^t = \alpha$ (und damit auch $\alpha \cdot \mathfrak{Z}^{2t} = \alpha$, $\alpha \cdot \mathfrak{Z}^{3t} = \alpha, \ldots$) wird; ist außerdem $\alpha \cdot \mathfrak{Z}^k \neq \alpha$ für jede nicht in $\Gamma^{(t)}$ enthaltene Vertauschung $\mathfrak{Z}^k$, so sagen wir, es gehöre α „genau" zu $\Gamma^{(t)}$. (Man beachte, daß $\alpha \cdot \mathfrak{Z}$ und damit auch $\alpha \cdot \mathfrak{Z}^2, \alpha \cdot \mathfrak{Z}^3, \ldots$ nach § 29 eindeutig bestimmt ist.) Zur Gruppe $\Gamma^{(1)}$ gehören nach § 28 nur die Elemente von $\mathfrak{K}^{(1)}$.

Es sei nun α ein zur beliebigen Gruppe $\Gamma^{(t)}$ gehöriges Element, und es werde $\alpha = \alpha \cdot \mathfrak{Z}^0 = \alpha_1, \alpha \cdot \mathfrak{Z}^1 = \alpha_2, \alpha \cdot \mathfrak{Z}^2 = \alpha_3$, ... gesetzt. Dann ist $\alpha_{t+1} = \alpha \cdot \mathfrak{Z}^t = \alpha_1, \alpha_{t+2} = \alpha_1 \cdot \mathfrak{Z} = \alpha_2$, ... d. h. allgemein $\alpha_a = \alpha_b$, falls $a \equiv b\,(t)$. Mit Hilfe dieser Bemerkung zeigt man leicht:

Ist $a(x_1, \ldots x_t)$ ein in den Unbestimmten $x_1, \ldots x_t$ symmetrisches Polynom über $\mathfrak{K}^{(1)}$, so gehört die Zahl $a(\alpha_1, \ldots \alpha_t)$ zu $\mathfrak{K}^{(1)}$. — *Über $\mathfrak{K}^{(1)}$ ist α Nullstelle des Polynoms $p(x) = (x-\alpha_1)\cdot(x-\alpha_2)\cdot\ldots\cdot(x-\alpha_t)$. Gehört α genau zu $\Gamma^{(t)}$, so ist $p(x)$ über $\mathfrak{K}^{(1)}$ unzerlegbar.*

In der Tat, man hat $a(\alpha_1, \ldots \alpha_t)\cdot \mathfrak{Z} = a(\alpha_1\cdot\mathfrak{Z}, \ldots \alpha_t\cdot\mathfrak{Z}) = a(\alpha_2, \ldots \alpha_t, \alpha_1) = a(\alpha_1, \ldots \alpha_t)$, es gehört also sicher $a(\alpha_1, \ldots \alpha_t)$ zur Gruppe $\Gamma^{(1)}$ und damit zu $\mathfrak{K}^{(1)}$. Aus diesem Ergebnis folgt weiter, daß die Beiwerte von $p(x)$ alle in $\mathfrak{K}^{(1)}$ liegen, denn diese Beiwerte sind ja die mit den richtigen Vorzeichen genommenen symmetrischen Grundfunktionen der α_i. — Bedeutet schließlich $q(x)$ das normierte, über $\mathfrak{K}^{(1)}$ unzerlegbare Polynom mit der Nullstelle α, so ist $q(x)$ jedenfalls ein Teiler von $p(x)$, also $q(x) = (x-\alpha_1)\cdot(x-\alpha_{i_2})\cdot\ldots\cdot(x-\alpha_{i_r})$ mit $1 < i_2 < \cdots < i_r \leqq t$. Da die Beiwerte von $q(x)$ zu $\mathfrak{K}^{(1)}$ gehören, wird $q(x)\cdot\mathfrak{Z}^k = (x-\alpha_1\cdot\mathfrak{Z}^k)\cdot(x-\alpha_{i_2}\cdot\mathfrak{Z}^k)\cdot\ldots\cdot(x-\alpha_{i_r}\cdot\mathfrak{Z}^k) = q(x)$ für alle k, und wegen $\alpha_{k+1} = \alpha_1\cdot\mathfrak{Z}^k$ $(k = 1, 2, \ldots)$ muß $q(x)$ jeden Faktor aus der Reihe $x-\alpha_1$, $x-\alpha_2, \ldots x-\alpha_t$ enthalten. Gehört nun α genau zu $\Gamma^{(t)}$, so sind diese Linearfaktoren alle verschieden, und es wird infolgedessen $q(x) = (x-\alpha_1)\cdot(x-\alpha_2)\cdot\ldots\cdot(x-\alpha_t) = p(x)$. — Wir beweisen weiter:

Gehört α genau zu $\Gamma^{(t)}$, so läßt sich jede zu $\Gamma^{(t)}$ gehörige Zahl β als rationale Funktion (und damit nach § 23 auch als Polynom) in α mit Beiwerten aus $\mathfrak{K}^{(1)}$ darstellen.

Wir setzen wieder $\alpha_k = \alpha\cdot\mathfrak{Z}^{k-1}$, $\beta_k = \beta\cdot\mathfrak{Z}^{k-1}$ $(k = 1, 2, \ldots)$, $p(x) = (x-\alpha_1)\cdot\ldots\cdot(x-\alpha_t)$ und bilden das Polynom:

$$(1)\quad P(x) = p(x)\cdot\frac{\beta_1}{x-\alpha_1} + p(x)\cdot\frac{\beta_2}{x-\alpha_2} + \cdots + p(x)\cdot\frac{\beta_t}{x-\alpha_t}.$$

Die Beiwerte von $P(x)$ liegen in $\mathfrak{K}^{(1)}$, da sie symmetrische Funktionen in $\alpha_1, \ldots \alpha_t$ und $\beta_1, \ldots \beta_t$ sind. Für $x = \alpha$ ergibt sich $P(\alpha) = (\alpha - \alpha_2) \cdot (\alpha - \alpha_3) \cdot \ldots \cdot (\alpha - \alpha_t) \cdot \beta_1 = p'(\alpha) \cdot \beta_1$, und es ist dabei unter unseren Voraussetzungen $p'(\alpha) \neq 0$. Man hat daher $\beta = \beta_1 = \frac{P(\alpha)}{p'(\alpha)}$.

Die einfachsten zur Gruppe $\Gamma^{(t)}$ genau gehörigen Elemente sind die sogenannten „Gaußschen Perioden":

$$(2) \qquad \zeta_{i,t} = \varepsilon_i + \varepsilon_{i+t} + \varepsilon_{i+2t} + \cdots + \varepsilon_{i+(s-1)\cdot t}$$
$$\left(i = 1, 2, \ldots; \ s = \frac{p-1}{t}\right).$$

Daß die $\zeta_{i,t}$ zu $\Gamma^{(t)}$ gehören, folgt unmittelbar aus den Gleichungen $\varepsilon_i \cdot \mathfrak{Z}^k = \varepsilon_{i+k}$; $\varepsilon_a = \varepsilon_b$, falls $a \equiv b(p-1)$. Aus diesen Gleichungen ergibt sich außerdem: $\zeta_{i,t} \cdot \mathfrak{Z}^k = \zeta_{i+k,t}$; $\zeta_{a,t} = \zeta_{b,t}$, falls $a \equiv b(t)$. — Schließlich kann niemals $\zeta_{i,t} = \zeta_{k,t}$ $(1 \leqq i < k \leqq t)$ sein. Stellen wir nämlich die ε_i als Potenzen von $\varepsilon = \varepsilon_1$ dar, so verwandelt sich die Gleichung $\zeta_{i,t} - \zeta_{k,t} = 0$ in eine Gleichung $\pm \varepsilon^{\varrho_1} \pm \varepsilon^{\varrho_2} \pm \varepsilon^{\varrho_3} \pm \cdots \pm \varepsilon^{\varrho_{2s}} = 0$ $(1 \leqq \varrho_1 < \varrho_2 < \cdots < \varrho_{2s} \leqq p-1)$; daraus folgt weiter $\pm \varepsilon^{\varrho_1 - 1} \pm \varepsilon^{\varrho_2 - 1} \pm \cdots \pm \varepsilon^{\varrho_{2s} - 1} = 0$, und diese letzte Gleichung ist ausgeschlossen, weil sie höchstens den Grad $p-2$ besitzt, während doch ε eine Wurzel des über $\mathfrak{K}^{(1)}$ unzerlegbaren Polynoms $\pi(x)$ vom Grade $p-1$ darstellt.

Die Menge aller der Elemente aus $\mathfrak{K}^{(p-1)}$, die zu einer bestimmten Gruppe $\Gamma^{(t)}$ gehören, bildet einen zwischen $\mathfrak{K}^{(1)}$ und $\mathfrak{K}^{(p-1)}$ liegenden Körper $\mathfrak{K}^{(t)}$. Denn aus $\alpha \cdot \mathfrak{Z}^t = \alpha$, $\beta \cdot \mathfrak{Z}^t = \beta$ folgt sofort $(\alpha + \beta) \cdot \mathfrak{Z}^t = \alpha + \beta$, $(\alpha - \beta) \cdot \mathfrak{Z}^t = \alpha - \beta$, $(\alpha \cdot \beta) \cdot \mathfrak{Z}^t = \alpha \cdot \beta$, $\left(\frac{\alpha}{\beta}\right) \cdot \mathfrak{Z}^t = \frac{\alpha}{\beta}$. Ist ξ_t irgendein genau zu $\Gamma^{(t)}$ gehöriges Element (z. B. eine der Gaußschen Perioden $\zeta_{i,t}$), so wird stets $\mathfrak{K}^{(t)} = \mathfrak{K}^{(1)}[\xi_t]$. Für $t_1 \neq t_2$ sind die Körper $\mathfrak{K}^{(t_1)}$ und $\mathfrak{K}^{(t_2)}$ stets verschieden. Ist nämlich etwa t_1 kein Teiler von t_2 (also $\Gamma^{(t_2)}$ keine Untergruppe von $\Gamma^{(t_1)}$), so sind die genau zu $\Gamma^{(t_1)}$ gehörigen Elemente zwar in $\mathfrak{K}^{(t_1)}$, aber nicht in $\mathfrak{K}^{(t_2)}$ enthalten.

Es sei nun umgekehrt $\mathfrak{K}$ ein beliebiger Körper zwischen $\mathfrak{K}^{(1)}$ und $\mathfrak{K}^{(p-1)}$, und es bedeute Γ das System aller der Vertauschungen $\mathfrak{Z}^k$ aus $\Gamma^{(1)}$, die für jedes α aus $\mathfrak{K}$ der Gleichung $\alpha \cdot \mathfrak{Z}^k = \alpha$ genügen; dann ist $\Gamma = \Gamma^{(t)}$ sicher eine Untergruppe von $\Gamma^{(1)}$, denn aus $\alpha \cdot \mathfrak{Z}^k = \alpha, \alpha \cdot \mathfrak{Z}^l = \alpha$ folgt stets $\alpha \cdot (\mathfrak{Z}^k \cdot \mathfrak{Z}^l) = \alpha$. Für $k = 1, 2, \ldots t-1$ gibt es nach Definition von $\Gamma^{(t)}$ in $\mathfrak{K}$ stets ein Element $\alpha^{(k)}$ derart, daß $\alpha^{(k)} \cdot \mathfrak{Z}^k \neq \alpha^{(k)}$ ist. Wählen wir nun aus der unendlichen Menge aller rationalen Zahlen die Zahlen $r_1, r_2, \ldots r_{t-1}$ so aus, daß keine der endlich vielen Gleichungen

$$(3) \quad r_1 \cdot (\alpha^{(1)} - \alpha^{(1)} \cdot \mathfrak{Z}^i) + r_2 \cdot (\alpha^{(2)} - \alpha^{(2)} \cdot \mathfrak{Z}^i) + \cdots + r_{t-1} \cdot (\alpha^{(t-1)} - \alpha^{(t-1)} \cdot \mathfrak{Z}^i) = 0 \ (i = 1, 2, \ldots t-1)$$

erfüllt ist — eine Wahl, deren Möglichkeit mühelos einzusehen ist, — so wird $\xi = r_1 \cdot \alpha^{(1)} + r_2 \cdot \alpha^{(2)} + \cdots + r_{t-1} \cdot \alpha^{(t-1)}$ ein genau zur Gruppe $\Gamma^{(t)}$ gehöriges Element aus $\mathfrak{K}$. Gleichzeitig mit ξ enthält aber $\mathfrak{K}$ alle zu $\Gamma^{(t)}$ gehörigen Elemente, d. h. es wird $\mathfrak{K} = \mathfrak{K}^{(t)}$. — Als Endergebnis unserer Betrachtungen können wir feststellen:

Die Körper zwischen $\mathfrak{K}^{(1)}$ und $\mathfrak{K}^{(p-1)}$ entsprechen umkehrbar eindeutig den Untergruppen der Galoisschen Gruppe $\Gamma^{(1)} = \Gamma_{p-1}$ von $\mathfrak{K}^{(p-1)}$ über $\mathfrak{K}^{(1)}$. Der der Untergruppe $\Gamma^{(t)}$ zugeordnete Körper $\mathfrak{K}^{(t)}$ besteht aus allen den Zahlen von $\mathfrak{K}^{(p-1)}$, die bei der Anwendung einer beliebigen Vertauschung aus $\Gamma^{(t)}$ stets ungeändert bleiben. Umgekehrt enthält $\Gamma^{(t)}$ gerade alle die Vertauschungen aus $\Gamma^{(1)}$, die die sämtlichen Zahlen von $\mathfrak{K}^{(t)}$ in Ruhe lassen.

Damit ist der am Schlusse von § 30 angekündigte Satz in genauerer Fassung voll bewiesen. Man beachte, daß die Zuordnung zwischen Gruppen und Körpern derart ist, daß der größeren (also aus mehr Elementen bestehenden) Gruppe der kleinere Körper entspricht und umgekehrt!

§ 32. Hauptsatz über $\pi(x)$. Der Fall $p = 17$

Es sei $p-1 = s \cdot t_1, t_1 = s_1 \cdot t_2$; $\xi = \xi_1$ sei ein genau zur Gruppe $\Gamma^{(t_1)}$ gehöriges Element, so daß $\mathfrak{K}^{(t_1)} = \mathfrak{K}^{(1)}[\xi]$ wird. Wir behaupten:

Setzt man $\xi_i = \xi \cdot \mathfrak{Z}^{i-1}$, so ist ξ über $\mathfrak{K}^{(t_2)}$-Nullstelle der zyklischen Gleichung

$$p(x) = (x - \xi_1) \cdot (x - \xi_{1+t_2})$$
$$\cdot (x - \xi_{1+2\cdot t_2}) \cdot \ldots \cdot (x - \xi_{1+(s_1-1)\cdot t_2}) = 0.$$

In der Tat, aus $\xi_{1+t_1} = \xi_{1+s_1 \cdot t_2} = \xi_1$ folgt sofort, daß $p(x) \cdot \mathfrak{Z}^{t_2} = p(x)$ wird, daß also die Beiwerte von $p(x)$ alle dem Körper $\mathfrak{K}^{(t_2)}$ angehören. Daß $p(x)$ über $\mathfrak{K}^{(t_2)}$ unzerlegbar ist, wird im allgemeinen Fall genau so bewiesen wie in dem in § 31 ausführlich behandelten Spezialfall $t_2 = 1$. Daß die Gleichung $p(x) = 0$ zyklisch ist, ergibt sich bei einer Primzahl s_2 unmittelbar aus § 29; denn nach § 31 läßt sich jede Wurzel von $p(x)$ als Polynom in ξ_1 über $\mathfrak{K}^{(1)}$ (und damit erst recht über $\mathfrak{K}^{(t_2)}$) darstellen. Auch im Falle einer Nichtprimzahl s_2 kann der zyklische Charakter der Gleichung $p(x) = 0$ unschwer nachgewiesen werden. Doch wollen wir auf den für unsere weiteren Zwecke entbehrlichen Beweis hier nicht näher eingehen.

Es sei nun $p - 1 = p_1 \cdot p_2 \cdot \ldots \cdot p_\omega$ die Primfaktorzerlegung von $p - 1$, wobei die Reihenfolge der Primzahlen p_i beliebig festgelegt werden kann. Ferner werde $t_0 = p - 1$, $t_i = \dfrac{p-1}{p_1 \cdot p_2 \cdot \ldots \cdot p_i}$ $(i = 1, \ldots \omega)$ gesetzt, und es bedeute $\xi^{(t_i)}$ $(i = 0, \ldots \omega - 1)$ ein genau zur Gruppe $\Gamma^{(t_i)}$ gehöriges Element. Dann wird $\mathfrak{K}^{(t_i)} = \mathfrak{K}^{(t_{i+1})}[\xi^{(t_i)}]$, und es genügt $\xi^{(t_i)}$ über $\mathfrak{K}^{(t_{i+1})}$ jeweils einer zyklischen Gleichung vom Primzahlgrade p_{i+1} $(i = 0, \ldots \omega - 1)$. Es gilt also der Hauptsatz:

Die Auflösung der Gleichung $\pi(x) = 0$ läßt sich auf die Auflösung zyklischer Hilfsgleichungen von Primzahlgraden zurück-

führen, und zwar so, daß das Produkt der Grade der Hilfsgleichungen gleich dem Grade der ursprünglich gegebenen Gleichung wird. (Man beachte, daß für $\xi^{(t_0)}$ eine Wurzel ε von $\pi(x)$ gewählt werden darf.)

Die wirkliche Durchführung der Rechnung erläutern wir an dem geometrisch besonders wichtigen Spezialfall $p = 17$. Hier haben wir eindeutig $t_0 = 16$, $t_1 = 8$, $t_2 = 4$, $t_3 = 2$, $t_\omega = t_4 = 1$. Für $\xi^{(16)}, \xi^{(8)}, \xi^{(4)}, \xi^{(2)}$ wählen wir die Gaußschen Perioden $\zeta_{1,16}, \zeta_{1,8}, \zeta_{1,4}, \zeta_{1,2}$; der Anordnung der ε_i legen wir die primitive Kongruenzwurzel 3 zugrunde. Es wird dann:

$$
(1)\quad \begin{cases} \varepsilon_1 = \varepsilon, & \varepsilon_2 = \varepsilon^3, & \varepsilon_3 = \varepsilon^9, & \varepsilon_4 = \varepsilon^{10}, \\ \varepsilon_5 = \varepsilon^{13}, & \varepsilon_6 = \varepsilon^5, & \varepsilon_7 = \varepsilon^{15}, & \varepsilon_8 = \varepsilon^{11}, \\ \varepsilon_9 = \varepsilon^{16}, & \varepsilon_{10} = \varepsilon^{14}, & \varepsilon_{11} = \varepsilon^8, & \varepsilon_{12} = \varepsilon^7, \\ \varepsilon_{13} = \varepsilon^4, & \varepsilon_{14} = \varepsilon^{12}, & \varepsilon_{15} = \varepsilon^2, & \varepsilon_{16} = \varepsilon^6. \end{cases}
$$

Die erste Aufgabe ist die Ermittlung der Gleichung, der $\zeta_{1,2}$ über $\mathfrak{K}^{(1)}$ genügt, also die Bestimmung der Beiwerte des Polynoms $(x - \zeta_{1,2}) \cdot (x - \zeta_{2,2})$. Für $-(\zeta_{1,2} + \zeta_{2,2})$ ergibt sich sofort der Wert $-(\varepsilon_1 + \varepsilon_2 + \cdots + \varepsilon_{16}) = 1$. Mühsam ist dagegen die direkte Ausrechnung des Produktes

$$
\begin{aligned} \zeta_{1,2} \cdot \zeta_{2,2} = {} & (\varepsilon + \varepsilon^9 + \varepsilon^{13} + \varepsilon^{15} + \varepsilon^{16} + \varepsilon^8 + \varepsilon^4 + \varepsilon^2) \\ & \cdot (\varepsilon^3 + \varepsilon^{10} + \varepsilon^5 + \varepsilon^{11} + \varepsilon^{14} + \varepsilon^7 + \varepsilon^{12} + \varepsilon^6). \end{aligned}
$$

Am besten stützt man sich auf den folgenden allgemeinen, leicht zu verifizierenden Hilfssatz:

Für jedes Produkt $\zeta_{i,t} \cdot \zeta_{k,t}$ zweier zur selben Gruppe $\Gamma^{(t)}$ gehörigen Gaußschen Perioden gilt eine Gleichung $\zeta_{i,t} \cdot \zeta_{k,t} = g_1 \cdot \zeta_{1,t} + g_2 \cdot \zeta_{2,t} + \cdots + g_t \cdot \zeta_{t,t}$, bei der die g_i nichtnegative ganze Zahlen sind.

In unserm Spezialfall wird $\zeta_{1,2} \cdot \zeta_{2,2} = g_1 \cdot \zeta_{1,2} + g_2 \cdot \zeta_{2,2}$. Wäre $g_1 \neq g_2$, so wäre mit $\zeta_{1,2} + \zeta_{2,2}$ und $\zeta_{1,2} \cdot \zeta_{2,2}$ auch $\zeta_{2,2} = \frac{1}{g_2 - g_1} \cdot (\zeta_{1,2} \cdot \zeta_{2,2} - g_1(\zeta_{1,2} + \zeta_{2,2}))$ rational, was nicht stimmt. Es ist also $g_1 = g_2$, und aus der Tatsache, daß in $\zeta_{1,2}$ und $\zeta_{2,2}$ je acht, in $\zeta_{1,2} \cdot \zeta_{2,2}$ aber 64 ε-Potenzen auftreten, folgt sofort $g_1 = g_2 = 4$, $\zeta_{1,2} \cdot \zeta_{2,2} = 4 \cdot (\zeta_{1,2} + \zeta_{2,2})$, $= -4$. Die Gleichung für $\zeta_{1,2}$ (und $\zeta_{2,2}$) über $\mathfrak{K}^{(1)}$ lautet also:

$$
(2)\qquad x^2 + x - 4 = 0\,.
$$

Bei der Bestimmung der Gleichung für $\zeta_{1,4} = \varepsilon + \varepsilon^{13} + \varepsilon^{16} + \varepsilon^4$ und $\zeta_{3,4} = \varepsilon^9 + \varepsilon^{15} + \varepsilon^8 + \varepsilon^2$ über $\mathfrak{K}^{(2)} = \mathfrak{K}^{(1)}[\zeta_{1,2}]$ erhält man sofort $\zeta_{1,4} + \zeta_{3,4} = \zeta_{1,2}$, während eine leichte Rechnung $\zeta_{1,4} \cdot \zeta_{3,4} = \zeta_{1,4} + \zeta_{2,4} + \zeta_{3,4} + \zeta_{4,4} = -1$ liefert. Die gesuchte Gleichung lautet also:

$$x^2 - \zeta_{1,2}\, x - 1 = 0\,. \tag{3}$$

(In gleicher Weise würde man für $\zeta_{2,4}$ und $\zeta_{4,4}$ die Gleichung $x^2 - \zeta_{2,2}\, x - 1 = 0$ erhalten.) — Die weiteren, äußerst einfachen Rechnungen bedürfen keiner Erläuterung. $\zeta_{1,8} = \varepsilon + \varepsilon^{16}$ und $\zeta_{5,8} = \varepsilon^{13} + \varepsilon^4$ genügen über $\mathfrak{K}^{(4)} = \mathfrak{K}^{(1)}[\zeta_{1,4}]$ der Gleichung

$$x^2 - \zeta_{1,4}\, x + \zeta_{2,4} = 0\,, \tag{4}$$

und für $\zeta_{1,16} = \varepsilon$ und $\zeta_{9,16} = \varepsilon^{16} = \varepsilon^{-1}$ findet man über $\mathfrak{K}^{(8)} = \mathfrak{K}^{(1)}[\zeta_{1,8}]$ die Gleichung

$$x^2 - \zeta_{1,8}\, x + 1 = 0\,. \tag{5}$$

Gleichung (4) hat den Schönheitsfehler, daß neben $\zeta_{1,4}$ auch $\zeta_{2,4}$ auftritt, während wir uns doch $\mathfrak{K}^{(4)}$ allein durch $\zeta_{1,4}$ erzeugt dachten. Wir müssen also $\zeta_{2,4}$ rational durch $\zeta_{1,4}$ ausdrücken, was z. B. mit Hilfe der Formel (1) von § 31 geschehen kann, aber immer eine wesentlich umständlichere Rechnung erfordert als die Aufstellung der Gleichungen (2), (3), (4), (5). Wir geben nur das Endresultat an. Es wird: $\zeta_{2,4} = -\frac{1}{2}\zeta_{1,4}^3 + 3\,\zeta_{1,4} - \frac{3}{2}$. An Stelle von (4) können wir also auch schreiben:

$$x^2 - \zeta_{1,4}\, x - (\tfrac{1}{2}\zeta_{1,4}^3 - 3\,\zeta_{1,4} + \tfrac{3}{2}) = 0. \tag{4*}$$

Wir behaupten nun: Wählt man erst für $\zeta_{1,2}$ eine beliebige Wurzel von (2), dann für $\zeta_{1,4}$ eine beliebige Wurzel von (3), dann für $\zeta_{1,8}$ eine solche von (4)*, schließlich für $\zeta_{1,16}$ eine solche von (5), so wird $\zeta_{1,16} = \varepsilon$ stets eine Wurzel von $\pi(x) = x^{16} + \cdots + 1$. Andererseits können auch alle Wurzeln von $\pi(x)$ auf die angegebene Weise erhalten werden.

Der letzte Teil der Behauptung ist klar. Denn von welcher Wurzel $\varepsilon = \zeta_{1,16}$ von $\pi(x)$ man auch ausgeht, stets müssen die zugehörigen $\zeta_{1,k}$ ($k = 2, 4, 8, 16$) den Gleichungen (2), (3), (4)*, (5) genügen. Aus dem letzten Teil der Behauptung folgt aber sofort der erste. Denn es wird die Anzahl der Werte für $\zeta_{1,16}$, die man durch alle Anwendungen unseres Lösungsverfahrens erhält, offenbar gleich $2 \cdot 2 \cdot 2 \cdot 2 = 16$, also genau gleich der Anzahl der verschiedenen Wurzeln von $\pi(x)$.

Vom Standpunkt der formalen Algebra aus, bei der alle Wurzeln von $\pi(x)$ gleichberechtigt sind, sind wir fertig. Vom Standpunkt der Analysis aus dagegen, wo die Wurzeln von $\pi(x)$ durch ihre Lage in der komplexen Zahlenebene unterschieden werden können, müssen wir weiterfragen: Wie sind die Wurzeln der Gleichungen (2), (3), (4)*, (5) festzulegen, wenn man eine bestimmte Wurzel von $\pi(x)$, etwa $\varepsilon = e^{\frac{2\pi i}{17}}$, erhalten will? Mit Hilfe der Formeln $\varepsilon^{17-a} = \varepsilon^{-a} = \overline{\varepsilon^{a}}$ und $e^{i\varphi} = \cos\varphi + i\cdot\sin\varphi$ erhält man für $\varepsilon = e^{\frac{2\pi i}{17}}$:

$$\begin{aligned}\zeta_{1,2} &= 2\cdot\left(\cos\frac{2\pi}{17} + \cos\frac{16\pi}{17} + \cos\frac{8\pi}{17} + \cos\frac{4\pi}{17}\right)\\ &> 2\cdot\left(\frac{1}{2} - 1 + 0 + \frac{1}{2}\right) = 0,\end{aligned}$$

es ist also $\zeta_{1,2}$ die (wegen $\zeta_{1,2}\cdot\zeta_{2,2} = -1$ einzige) positive Wurzel von (2). Ebenso leicht sieht man, daß $\zeta_{1,4} = 2\cdot\left(\cos\frac{2\pi}{17} + \cos\frac{8\pi}{17}\right)$ größer als 0, also die (wegen $\zeta_{1,4}\cdot\zeta_{3,4} = -1$ einzige) positive Wurzel von (3) ist. Ferner hat man

$$\zeta_{1,8} = 2\cdot\cos\frac{2\pi}{17} > \zeta_{5,8} = 2\cdot\cos\frac{8\pi}{17},$$

es ist also für $\zeta_{1,8}$ die größere der beiden (positiven) Wurzeln von (4)* zu wählen. Schließlich ist unmittelbar klar, daß ε diejenige Wurzel von (5) darstellt, die den positiven Imaginärteil besitzt.

Mit Rücksicht auf die geometrische Anwendung in § 33 sei noch bemerkt: Ist g eine beliebige primitive Kongruenzwurzel modulo p, so ist stets $g^{\frac{p-1}{2}} \equiv -1\,(p)$ und es wird infolgedessen immer $\varepsilon_{k+\frac{p-1}{2}} = \varepsilon_k^{-1} = \bar{\varepsilon}_k\left(k = 1, 2, \ldots, \frac{p-1}{2}\right)$. Die Gaußschen Perioden $\zeta_{k,\frac{p-1}{2}}\left(k = 1, \ldots, \frac{p-1}{2}\right)$ sind unter diesen Umständen bis auf die Reihenfolge identisch mit den reellen Zahlen $2\cdot\cos\frac{2\pi k}{p}$ $\left(k = 1, \ldots, \frac{p-1}{2}\right)$, und es werden die sämtlichen Perioden $\zeta_{k,l}$ reell, bei denen l ein Teiler von $\frac{p-1}{2}$ ist. $\cos\frac{2\pi}{p}$ genügt daher über $\mathfrak{K}^{(1)}$

einer unzerlegbaren reellzahligen Gleichung vom Grade $\frac{p-1}{2}$, die sich so auf die Lösung reellzahliger zyklischer Hilfsgleichungen von Primzahlgrad zurückführen läßt, daß das Produkt der Grade der Hilfsgleichungen genau gleich $\frac{p-1}{2}$ wird.

§ 33. Anwendung und Verallgemeinerung

Aus den Untersuchungen von § 32 folgt sofort:

Das reguläre p-Eck kann dann und nur dann mit Zirkel und Lineal konstruiert werden, wenn $p-1$ eine Potenz von 2 ist.

Zum Beweis, dessen Einzelheiten der Leser bequem selbst ausführen kann, beachte man § 16, Beispiel 4 (algebraische Fassung des Problems), § 23, Kleindruck (Nichtkonstruierbarkeit des p-Ecks, falls $p-1$ einen ungeraden Teiler besitzt), § 32, insbesondere die Schlußbemerkung (Konstruierbarkeit, falls $p-1=2^r$). — Bei den Primzahlen der Form 2^r+1, den sogenannten „Gaußschen Primzahlen", muß der Exponent r selbst eine Potenz von 2 sein, $r=2^s$. Ist nämlich $r=m\cdot n$ mit ungeradem n, so ist

$$2^r+1=(2^m)^n+1=(2^m+1)\cdot(2^{m(n-1)}-2^{m(n-2)}+\cdots+1)$$

niemals eine Primzahl. Setzt man in dem Ausdruck $2^{(2^s)}+1$ für s die Werte 0, 1, 2, 3, 4 ein, so erhält man die Gaußschen Primzahlen 3, 5, 17, 257, 65537. Für $s=5$, 6, 7, 8, 9, 11, 12 konnte man zeigen, daß keine Primzahlen vorliegen. Darüber hinaus wurden zwar wichtige Teilergebnisse gewonnen, aber bis jetzt kein entscheidender Fortschritt erzielt. Vielleicht existieren unendlich viele Gaußsche Primzahlen, vielleicht nur die fünf bereits bekannten.

Nach der ausführlichen Behandlung des Primzahlfalles $n=p$ können wir uns hinsichtlich der Lösung der Kreisteilungsgleichung $x^n-1=0$ für beliebiges n sehr kurz fassen. Es sei zunächst $n=p^t$ eine Primzahlpotenz. Dann genügen alle diejenigen p^t-ten Einheitswurzeln, die nicht schon p^{t-1}-te Einheitswurzeln sind (also die primitiven p^t-ten Einheitswurzeln) der Gleichung $\pi_t(x) = \frac{x^{p^t}-1}{x^{p^{t-1}}-1} = 0$ und es ist nach § 12 das Polynom $\pi_t(x)$ über dem Körper $\mathfrak{K}_0$ unzerlegbar (auch für $t = 2$!), es hat also der Körper $\mathfrak{K}_t$ der primitiven p^t-ten Einheitswurzeln über dem Körper $\mathfrak{K}_0$ der rationalen Zahlen stets denselben Grad $p^{t-1} \cdot (p-1)$ wie das Polynom $\pi_t(x)$. Nach dem Gradsatz von § 23 folgt daraus weiter: $\mathfrak{K}_1 : \mathfrak{K}_0 = p - 1$, $\mathfrak{K}_t : \mathfrak{K}_{t-1} = p (t > 1)$. Andererseits wird für $\varepsilon_t = e^{2\pi i p^{-t}}$ jeweils $\mathfrak{K}_t = \mathfrak{K}_0(\varepsilon_t) = \mathfrak{K}_{t-1}(\varepsilon_t)$, und es genügt ε_t über $\mathfrak{K}_{t-1}$ der Gleichung $x^p - \varepsilon_{t-1} = 0$. Nach den über die Körpergrade gemachten Feststellungen muß diese Gleichung für $t > 1$ unzerlegbar sein, und da die p-ten Einheitswurzeln bereits in $\mathfrak{K}_{t-1}$ liegen, ist sie nach § 28 über $\mathfrak{K}_{t-1}$ zyklisch. Berücksichtigt man noch die für die Gleichung $\pi_1(x) = \pi(x) = 0$, der ε_1 über $\mathfrak{K}_0$ genügt, in §§ 30—32 gewonnenen Ergebnisse, so hat man den Satz: Die Lösung der unzerlegbaren Gleichung $\pi_t(x) = 0$ vom Grade $p^{t-1} \cdot (p-1)$, der die primitiven p^t-ten Einheitswurzeln über dem Körper $\mathfrak{K}_0$ der rationalen Zahlen genügen, ist zurückführbar auf die Lösung der für die primitiven p-ten Einheitswurzeln gültigen zyklischen Gleichung $\pi_1(x) = \pi(x) = 0$ vom Grade $p - 1$ und auf die anschließende Lösung von $t - 1$ zyklischen binomischen Gleichungen des Primzahlgrades p. — Ob die Gleichung $\pi_t(x) = 0$ selbst für $t > 1$ über $\mathfrak{K}_0$ zyklisch ist oder nicht, ist mit diesem Resultat noch nicht entschieden. Ohne näheres Eingehen auf den (im wesentlichen zahlentheoretischen) Beweis sei hier nur angegeben, daß tatsächlich $\pi_t(x) = 0$ mit Ausnahme der Fälle $p = 2^t (t \geqq 3)$ stets zyklisch wird. — Für den Fall, daß $n = p_1^{t_1} \cdot \ldots \cdot p_s^{t_s}$ $(s > 1)$ das Produkt von Potenzen verschiedener Primzahlen p_i darstellt, wurde im wesentlichen schon in § 17 gezeigt, daß die Lösung der Gleichung $x^n - 1 = 0$ gleichwertig ist mit der Lösung der s Gleichungen $x^{p_i^{t_i}} - 1 = 0 (i = 1, \ldots, s)$. Daraus folgt nach unseren bisherigen Ergebnissen sofort, daß die Lösung von $x^n - 1 = 0$ auf die sukzessive Lösung von endlich vielen zyklischen Gleichungen von Primzahlgrad zurückgeführt werden kann, und man überlegt sich leicht weiter, daß der Grad des durch die n-ten Einheitswurzeln erzeugten Körpers $\mathfrak{N}$ über $\mathfrak{K}_0$, ein Teiler von $\prod_{i=1}^{s} p_i^{t_i-1} \cdot (p_i - 1) = \varphi(n)$ sein muß. Etwas tiefer liegt der Beweis der Tatsache, daß immer genau $\mathfrak{N} : \mathfrak{K}_0 = \varphi(n)$ wird, d. h. im wesentlichen der Beweis der Behauptung, daß auch für ein durch mehrere Primzahlen teilbares n die Gleichung, der gerade die sämtlichen primitiven n-ten Einheitswurzeln genügen, stets über $\mathfrak{K}_0$ unzerlegbar sein muß. — Für die Konstruktion des regulären n-Ecks bei beliebigem n folgt aus unseren Ergebnissen ohne Heranziehung der ohne Beweis gemachten Angaben mühelos:

Das reguläre n-Eck kann dann und nur dann mit Zirkel und Lineal konstruiert werden, wenn n entweder eine Potenz von 2 ist oder die Gestalt $n = 2^t \cdot p_1 \cdot p_2 \cdots p_s$ $(t \geqq 0)$ *besitzt, wobei die* p_i *Gaußsche Primzahlen sind.*

Abschnitt VI. Metazyklische und Radikalkörper

§ 34. Normalkörper. Satz von Abel

$\mathfrak{N}$ heißt „über $\mathfrak{K}$ normal“ („Normalkörper über $\mathfrak{K}$“), wenn $\mathfrak{N}$ aus $\mathfrak{K}$ durch Hinzunahme aller Nullstellen eines (nicht notwendig unzerlegbaren) Polynoms $f(x) = (x - \alpha_1) \cdot \ldots \cdot (x - \alpha_n)$ aus $\mathfrak{K}[x]$ entsteht, $\mathfrak{N} = \mathfrak{K}(\alpha_1, \ldots, \alpha_n)$. Ist $\mathfrak{K}'$ ein Oberkörper von $\mathfrak{K}$ und $\mathfrak{N} = \mathfrak{K}(\alpha_1, \ldots, \alpha_n)$ über $\mathfrak{K}$ normal, so ist auch $\mathfrak{N}' = \mathfrak{K}'(\alpha_1, \ldots, \alpha_n)$ über $\mathfrak{K}'$ normal. Weiter stellt der Vereinigungskörper $\mathfrak{N}_1 \cdot \mathfrak{N}_2 = \mathfrak{K}(\alpha_1, \ldots, \alpha_n, \beta_1, \ldots, \beta_m)$ zweier über $\mathfrak{K}$ normaler Körper $\mathfrak{N}_1 = \mathfrak{K}(\alpha_1, \ldots, \alpha_n)$, $\mathfrak{N}_2 = \mathfrak{K}(\beta_1, \ldots, \beta_m)$ stets selbst einen Normalkörper über $\mathfrak{K}$ dar, weil gleichzeitig mit $f(x) = \prod_{i=1}^{n} (x - \alpha_i)$ und $g(x) = \prod_{k=1}^{m} (x - \beta_k)$ auch $f(x) \cdot g(x) = \prod_{i=1}^{n} (x - \alpha_i) \cdot \prod_{k=1}^{m} (x - \beta_k)$ zu $\mathfrak{K}[x]$ gehört. Schließlich folgt leicht aus dem weiter unten zu beweisenden Gradgleichheitssatz, daß auch der Durchschnitt $\mathfrak{N}_1 \frown \mathfrak{N}_2$ zweier Normaloberkörper von $\mathfrak{K}$, d. h. der Körper aller sowohl in $\mathfrak{N}_1$ als auch in $\mathfrak{N}_2$ enthaltenen Elemente, selbst einen Normaloberkörper von $\mathfrak{K}$ bildet. Andererseits muß man sehr beachten, daß $\mathfrak{M}$ nicht immer über $\mathfrak{K}$ normal ist, falls $\mathfrak{M}$ einen Normaloberkörper von $\mathfrak{L}$, $\mathfrak{L}$ einen solchen von $\mathfrak{K}$ darstellt.

Z. B. $\mathfrak{K} = \mathfrak{K}_0$, $\alpha = \sqrt{2}$, $\beta = \sqrt{\alpha}$, $\mathfrak{L} = \mathfrak{K}(\alpha) = \mathfrak{K}(\alpha, -\alpha)$, $\mathfrak{M} = \mathfrak{L}(\beta) = \mathfrak{L}(\beta, -\beta)$. $\mathfrak{L}$ bzw. $\mathfrak{M}$ normal über $\mathfrak{K}_0$ bzw. $\mathfrak{L}$, weil $(x - \alpha) \cdot$

$(x+\alpha) = x^2-2$ in $\mathfrak{K}_0[x]$ bzw. $(x-\beta)\cdot(x+\beta) = x^2-\alpha$ in $\mathfrak{L}[x]$. $\mathfrak{M}$ nach dem Gradgleichheitssatz nicht normal über $\mathfrak{K}_0$, weil $x^4-2 = (x-\beta)\cdot(x+\beta)\cdot(x^2+\alpha)$, wobei x^4-2 irreduzibel über $\mathfrak{K}_0$, $x^2+\alpha$ irreduzibel über $\mathfrak{M}$.

Grundlegend für die Vorzugsstellung der Normalkörper ist der

Gradgleichheitssatz. Ein über $\mathfrak{K}$ unzerlegbares Polynom $p(x)$ zerfällt über dem Normaloberkörper $\mathfrak{N}$ von $\mathfrak{K}$ stets in lauter unzerlegbare Faktoren gleichen Grades.

Beweis: Es sei $\mathfrak{N} = \mathfrak{K}(\alpha_1,\ldots,\alpha_n)$, wobei $f(x) = x^n - a_1x^{n-1} + \ldots \pm a_n = \Pi(x-\alpha_i)$ in $\mathfrak{K}[x]$. $\pi(x)$ sei ein über $\mathfrak{N}$ unzerlegbarer Faktor von möglichst niedrigem, etwa m-ten Grade. Die Beiwerte von $\pi(x)$ seien dargestellt als Polynome in $\alpha_1,\ldots,\alpha_n$ über $\mathfrak{K}$, sodaß $\pi(x) = \pi(x;\ \alpha_1,\ldots,\alpha_n)$ formal ein Polynom über $\mathfrak{K}$ in $x,\alpha_1,\ldots,\alpha_n$ wird; $\pi_k(x)$ seien die sämtlichen Polynome aus $\mathfrak{N}[x]$, die entstehen, wenn man in $\pi(x) = \pi(x;\alpha_1,\ldots,\alpha_n)$ die α_i beliebig vertauscht. Dann wird $P(x) = \Pi\pi_k(x)$ ein Polynom aus $\mathfrak{K}[x]$, weil die Beiwerte von $P(x)$ symmetrische Funktionen über $\mathfrak{K}$ in $\alpha_1,\ldots,\alpha_n$ und somit Polynome über $\mathfrak{K}$ in $a_1,\ldots,a_n$ sind. Da $p(x)$ unzerlegbar und zu $P(x)$ nicht teilerfremd ist, muß $P(x) = p(x)\cdot q(x)$ sein, und es muß daher wegen $P(x) = \Pi\pi_k(x)$ jeder über $\mathfrak{N}$ unzerlegbare Teiler $\varrho(x)$ von $p(x)$ seinerseits mindestens ein $\pi_k(x)$, etwa $\pi_{k_0}(x)$ teilen. Der Grad m' von $\varrho(x)$ ist daher höchstens gleich dem Grade m von $\pi_{k_0}(x)$ und aus der Minimaleigenschaft von m folgt sofort $m' = m$, $\varrho(x) = \pi_{k_0}(x)$. Damit ist der Gradgleichheitssatz bewiesen, und es ist sogar schärfer gezeigt, daß jeder über $\mathfrak{N}$ unzerlegbare Teiler von $p(x)$ ein $\pi_k(x)$ sein muß. (Es braucht aber keineswegs umgekehrt jedes $\pi_k(x)$ Teiler von $p(x)$ zu sein.) Für $m = 1$ folgt aus unserem Resultat speziell: *Enthält der Normalkörper $\mathfrak{N}$ eine einzige Nullstelle des über $\mathfrak{K}$ unzerlegbaren Polynoms $p(x)$, so enthält er alle Nullstellen von $p(x)$.* Aus dieser Bemerkung wiederum ergibt sich sofort, daß mit $\mathfrak{N}_1$ und $\mathfrak{N}_2$ auch $\mathfrak{N}_1 \frown \mathfrak{N}_2$

über $\mathfrak{K}$ normal ist. Es sei nämlich $\mathfrak{N}_1 \frown \mathfrak{N}_2 = \mathfrak{K}(\gamma_1, \ldots, \gamma_l)$, $p_i(x)$ das unzerlegbare Polynom aus $\mathfrak{K}[x]$ mit der Nullstelle γ_i. Dann enthält $\mathfrak{N}_1 \frown \mathfrak{N}_2$ für jedes i alle Nullstellen von $p_i(x)$, und es entsteht daher $\mathfrak{N}_1 \frown \mathfrak{N}_2$ aus $\mathfrak{K}$ durch Hinzunahme sämtlicher Nullstellen von $P(x) = \prod p_i(x)$.

Das unzerlegbare Polynom $p(x) = (x-\alpha_1) \cdot \ldots \cdot (x-\alpha_n)$ bzw. die Gleichung $p(x) = 0$ heißt Normalpolynom bzw. Normalgleichung über $\mathfrak{K}$, wenn der Normalkörper $\mathfrak{K}(\alpha_1, \ldots, \alpha_n)$ schon durch eine einzige Nullstelle von $p(x)$ erzeugt wird, $\mathfrak{K}(\alpha_1, \ldots, \alpha_n) = \mathfrak{K}(\alpha_1)$. Aus dem Gleichberechtigungssatz folgt, daß bei einem Normalpolynom $p(x)$ jede Nullstelle den zugehörigen Normalkörper erzeugt, $\mathfrak{K}(\alpha_1) = \mathfrak{K}(\alpha_2) = \ldots = \mathfrak{K}(\alpha_n)$. Alle über $\mathfrak{K}$ zyklischen, unzerlegbaren Polynome sind Normalpolynome. Für ein über $\mathfrak{K}$ unzerlegbares Polynom $p(x)$ von Primzahlgrad gilt darüber hinaus: $p(x)$ ist dann und nur dann über $\mathfrak{K}$ zyklisch, wenn $p(x)$ ein Normalpolynom ist. Sehr wichtig ist der

Satz: *Ist $p(x)$ über $\mathfrak{K}$ ein Normalpolynom, so zerfällt $p(x)$ über einem beliebigen Oberkörper $\mathfrak{L}$ von $\mathfrak{K}$ stets in lauter unzerlegbare Faktoren gleichen Grades.*

Sind nämlich $\pi_1(x)$, $\pi_2(x)$ über $\mathfrak{L}$ unzerlegbare Faktoren von $p(x)$ von den Graden n_1, n_2 und ist α_{i_k} $(k = 1, 2)$ eine Nullstelle von $\pi_k(x)$, so hat man $\mathfrak{K}(\alpha_{i_1}) = \mathfrak{K}(\alpha_{i_2})$; $\mathfrak{L}(\alpha_{i_1}) = \mathfrak{L}(\alpha_{i_2})$; $n_1 = \mathfrak{L}(\alpha_{i_1}) : \mathfrak{L} = \mathfrak{L}(\alpha_{i_2}) : \mathfrak{L} = n_2$. — Ist der Normalkörper $\mathfrak{N}$ einfache Erweiterung des Körpers $\mathfrak{K}$, $\mathfrak{N} = \mathfrak{K}(\alpha)$, und bedeutet $p(x)$ das unzerlegbare Polynom aus $\mathfrak{K}[x]$ mit der Nullstelle α, so ist $p(x)$ ein ($\mathfrak{N}$ erzeugendes) Normalpolynom über $\mathfrak{K}$. Denn nach dem Korollar zum Gradgleichheitssatz muß $\mathfrak{N}(\alpha)$ alle Nullstellen von $p(x)$ enthalten. Auf Grund dieser Bemerkung ergibt sich sofort die Existenz von erzeugenden Normalpolynomen für beliebige Normalkörper der Charakteristik 0, wenn man den folgenden fundamentalen Satz von Abel heranzieht:

Ist $\mathfrak{L}$ eine beliebige endliche algebraische Erweiterung des Körpers $\mathfrak{K}$, entsteht also $\mathfrak{L} = \mathfrak{K}(\alpha_1, \ldots, \alpha_n)$ aus $\mathfrak{K}$ durch Hinzunahme von endlich vielen, über $\mathfrak{K}$ algebraischen Elementen α_i, so ist im Falle der Charakteristik 0 *stets $\mathfrak{L}$ eine einfache Erweiterung von $\mathfrak{K}$, $\mathfrak{L} = \mathfrak{K}(\beta)$.*

Beim Beweise darf man sich auf den Fall $\mathfrak{L} = \mathfrak{K}(\alpha_1, \alpha_2)$ beschränken, da darüber hinaus Induktion möglich ist. Es sei $p_i(x) = \prod_{k=1}^{n_i} (x - \alpha_{ik}) (\alpha_{i1} = \alpha_i;\ i = 1, 2)$ das über $\mathfrak{K}$ unzerlegbare Polynom mit der Nullstelle α_i. Dann sind die mit 2 Unbestimmten u_1, u_2 gebildeten $n_1 \cdot n_2$ Polynome $\alpha_{1k}u_1 + \alpha_{2l}u_2$ $(k = 1, \ldots, n_1;\ l = 1, \ldots, n_2)$ alle verschieden, und es ist daher auch $P(u_1, u_2) \neq 0$, falls $P(u_1, u_2)$ das Produkt aller Differenzen $[(\alpha_{1k}\, u_1 + \alpha_{2l}\, u_2) - (\alpha_{1k'}\, u_1 + \alpha_{2l'}\, u_2)]$ $((k - k')^2 + (l - l')^2 \neq 0)$ bedeutet. Nach dem Nichtnullstellensatz von § 11 gibt es daher in $\mathfrak{K}$ zwei Elemente a, b derart, daß $P(a, b) \neq 0$ wird, und daß dementsprechend im Normalkörper $\mathfrak{N} = \mathfrak{K}(\alpha_{11}, \ldots, \alpha_{1n_1}, \alpha_{21}, \ldots, \alpha_{2n_2})$ die $n_1 \cdot n_2$ Elemente $\beta_{kl} = \alpha_{1k}\, a + \alpha_{2l} b$ alle verschieden sind. Das wegen $\alpha_{i1} = \alpha_i\ (i = 1, 2)$ zu $\mathfrak{L}$ gehörige Element $\beta = \beta_{11}$ erzeugt nun den Körper $\mathfrak{L}$ aus $\mathfrak{K}$: $\mathfrak{L} = \mathfrak{K}(\beta)$. Es sei nämlich $\zeta = \zeta_{11} = p(\alpha_1, \alpha_2)$ ein beliebiges, als Polynom über $\mathfrak{K}$ in α_1, α_2 dargestelltes Element aus $\mathfrak{L}$, w sei eine Unbestimmte, und es werde gesetzt: $\zeta_{kl} = p(\alpha_{1k}, \alpha_{2l})$, $F(w) = \prod_{k=1}^{n_1} \prod_{l=1}^{n_2} (w - \beta_{kl})$, $G(w) = \sum_{k=1}^{n_1} \sum_{l=1}^{n_2} F(w) \cdot \zeta_{kl} \cdot (w - \beta_{kl})^{-1}$. Dann sind die Beiwerte von $G(w)$ sowohl in $\alpha_{11}, \ldots, \alpha_{1n_1}$ als auch in $\alpha_{21}, \ldots, \alpha_{2n_2}$ symmetrisch, und daraus folgt sofort, daß $G(w)$ ein Polynom über $\mathfrak{K}$ darstellt. Bedeutet weiter $F'(w)$ die Ableitung von $F(w)$ im Sinne von § 10, so wird $G(\beta) = G(\beta_{11}) = \zeta_{11} \cdot F'(\beta_{11}) = \zeta \cdot F'(\beta)$, und da wegen der Verschiedenheit aller β_{kl} sicher

$F'(\beta_{11}) = F'(\beta) \neq 0$, wird $\zeta = G(\beta) \cdot (F'(\beta))^{-1}$, d. h. jedes ζ aus $\mathfrak{L}$ liegt schon in $\mathfrak{K}(\beta)$. Fertig!

Der Abelsche Satz ermöglicht uns den Beweis eines für die in § 35 zu entwickelnde Theorie der metazyklischen Körper grundlegenden Normalkörpertheorems. Der Normaloberkörper $\mathfrak{N}$ von $\mathfrak{K}$ möge über $\mathfrak{K}$ einfach heißen, wenn es keinen echten gleichfalls über $\mathfrak{K}$ normalen Zwischenkörper $\mathfrak{N}'$ zwischen $\mathfrak{K}$ und $\mathfrak{N}$ gibt.

Satz: *Sind $\mathfrak{N}_1$ und $\mathfrak{N}_2$ zwei verschiedene einfache Normaloberkörper von $\mathfrak{K}$ von den Graden n_1, n_2, so hat der Vereinigungskörper $\mathfrak{M} = \mathfrak{N}_1 \cdot \mathfrak{N}_2$ von $\mathfrak{N}_1, \mathfrak{N}_2$ über $\mathfrak{K}$ den Grad $n_1 \cdot n_2$, und es ist $\mathfrak{M}$ über $\mathfrak{N}_1$ und über $\mathfrak{N}_2$ einfach.*

Der Durchschnitt $\mathfrak{N}_1 \frown \mathfrak{N}_2$ von $\mathfrak{N}_1$ und $\mathfrak{N}_2$ ist ein echter Unterkörper von $\mathfrak{N}_1$ und über $\mathfrak{K}$ normal; wegen der Einfachheit von $\mathfrak{N}_1$ ist er somit gleich $\mathfrak{K}$. Es sei nun $p(x) = \prod\limits_{k=1}^{n_2} (x - \beta_k)$ erzeugendes Normalpolynom von $\mathfrak{N}_2$, also $\mathfrak{N}_2 = \mathfrak{K}(\beta_1) = \ldots = \mathfrak{K}(\beta_{n_2})$. Dann muß $p(x)$ über $\mathfrak{N}_1$ unzerlegbar sein. Denn jeder normierte Faktor $q(x)$ von $p(x)$ liegt in $\mathfrak{N}_2[x]$; soll demnach nun $q(x)$ auch in $\mathfrak{N}_1[x]$ liegen, so gehört $q(x)$ wegen $\mathfrak{N}_1 \frown \mathfrak{N}_2 = \mathfrak{K}$ sogar zu $\mathfrak{K}[x]$, d. h. es wird $q(x) = p(x)$ wegen der Unzerlegbarkeit von $p(x)$ über $\mathfrak{K}$. Aus der Unzerlegbarkeit von $p(x)$ über $\mathfrak{N}_1$ und $\mathfrak{M} = \mathfrak{N}_1 \cdot \mathfrak{N}_2 = \mathfrak{N}_1(\beta_1)$ folgt für den Grad $\mathfrak{M} : \mathfrak{K}$ sofort: $\mathfrak{M} : \mathfrak{K} = n_2 \cdot (\mathfrak{N}_1 : \mathfrak{K}) = n_2 \cdot n_1$. — Es sei ferner $\mathfrak{M}'$ ein über $\mathfrak{N}_1$ normaler, in $\mathfrak{M} = \mathfrak{N}_1 \cdot \mathfrak{N}_2$ enthaltener echter Oberkörper von $\mathfrak{N}_1$; $r(x)$ sei der über $\mathfrak{M}'$ unzerlegbare normierte Faktor von $p(x)$ mit der Nullstelle β_1. Da der Grad von $r(x)$ gleich $\mathfrak{M} : \mathfrak{M}'$ und somit kleiner als n_2 ist, besitzt $r(x)$ mindestens einen Beiwert γ, der zwar als Polynom in gewissen β_i zu $\mathfrak{N}_2$, aber nicht zu $\mathfrak{K}$ gehört. Der über $\mathfrak{K}$ normale Durchschnitt von $\mathfrak{M}'$ und $\mathfrak{N}_2$ ist also von $\mathfrak{K}$ verschieden und wegen der Einfachheit von $\mathfrak{N}_2$ gleich $\mathfrak{N}_2$. D. h. aber: $\mathfrak{M}'$ ist nicht nur Unter-, sondern auch Oberkörper von $\mathfrak{M} = \mathfrak{N}_1 \cdot \mathfrak{N}_2$.

$\mathfrak{M}' = \mathfrak{M}$. Damit ist angesichts der Bedeutung von $\mathfrak{M}'$ die Einfachheit von $\mathfrak{M}$ über $\mathfrak{N}_1$ bewiesen.

§ 35. Metazyklische Körper und Radikalkörper

a) Metazyklische Körper. Ist $\mathfrak{K}$ ein echter bzw. ein echter oder unechter Unterkörper von $\mathfrak{L}$, so schreiben wir $\mathfrak{K} \subset \mathfrak{L}$ bzw. $\mathfrak{K} \subseteq \mathfrak{L}$. Der Normaloberkörper $\mathfrak{N}$ heißt zyklisch über $\mathfrak{K}$, wenn $\mathfrak{N} = \mathfrak{K}(\alpha)$, wobei α Nullstelle eines zyklischen Polynoms $p(x)$ aus $\mathfrak{K}[x]$. Ist der Grad von $p(x)$ eine Primzahl r, so wird $\mathfrak{N}$ primzyklisch genannt. — Nach § 29 ist jeder über $\mathfrak{K}$ normale Körper von Primzahlgrad primzyklisch. Ist $\mathfrak{N}$ ein beliebiger Normaloberkörper von $\mathfrak{K}$, so nennen wir eine Körperkette $\mathfrak{K} = \mathfrak{N}_0 \subset \mathfrak{N}_1 \subset \ldots \subset \mathfrak{N}_m = \mathfrak{N}$ eine Kompositionsreihe (kurz Kr.) von $\mathfrak{N}$ über $\mathfrak{K}$, wenn $\mathfrak{N}_i$ für jedes $i \geq 1$ einen einfachen Normaloberkörper von $\mathfrak{N}_{i-1}$ im Sinne von § 34 (letzter Abschnitt) darstellt. (Dabei braucht für $1 < i < m$ nicht notwendig $\mathfrak{N}_i$ über $\mathfrak{K}$ normal zu sein.) Aus der Tatsache, daß m bei keiner Kette $\mathfrak{K} = \mathfrak{N}_0 \subset \mathfrak{N}_1 \subset \ldots \subset \mathfrak{N}_m = \mathfrak{N}$ größer sein kann als die Anzahl der Primfaktoren des Grades $\mathfrak{N}:\mathfrak{K}$, schließt man sofort, daß zu jedem über $\mathfrak{K}$ normalen $\mathfrak{N}$ mindestens eine Kr. existiert. Daraus folgt weiter, daß es sogar zu jedem zwischen $\mathfrak{K}$ und $\mathfrak{N}$ liegenden Normaloberkörper $\mathfrak{N}'$ von $\mathfrak{K}$ eine Kr. gibt, die $\mathfrak{N}'$ als Glied enthält. (Man setze eine Kr. von $\mathfrak{N}'$ über $\mathfrak{K}$ mit einer Kr. von $\mathfrak{N}$ über $\mathfrak{N}'$ zusammen.) Existiert eine Kr. von $\mathfrak{N}$ über $\mathfrak{K}$, bei der $\mathfrak{N}_i$ über $\mathfrak{N}_{i-1}$ stets primzyklisch ist, so wird $\mathfrak{N}$ über $\mathfrak{K}$ metazyklisch genannt. Metazyklisch ist z. B. nach § 32 der Körper der p-ten Einheitswurzeln über $\mathfrak{K}_0$. Durch Verallgemeinerung der dort benutzten Überlegungen beweist man leicht weiter die (im folgenden von uns nicht benötigte) Tatsache, daß jeder über $\mathfrak{K}$ zyklische Normalkörper $\mathfrak{N}$ (beliebigen Grades) über $\mathfrak{K}$ metazyklisch ist. — Für einen beliebigen Normalkörper gilt der fundamentale

Kompositionsreihensatz: *Bei zwei Kompositionsreihen* $\mathfrak{K} = \mathfrak{N}_0 \subset \mathfrak{N}_1 \subset \ldots \subset \mathfrak{N}_m = \mathfrak{N}$, $\mathfrak{K} = \mathfrak{N}'_0 \subset \mathfrak{N}'_1 \subset \ldots \subset \mathfrak{N}'_{m'} = \mathfrak{N}$ *ist stets* $m = m'$ *und es ist die Menge der Gradzahlen* $\mathfrak{N}_i : \mathfrak{N}_{i-1}$ *bis auf die Reihenfolge identisch mit der Menge der Gradzahlen* $\mathfrak{N}'_i : \mathfrak{N}'_{i-1}$ $(i = 1, \ldots, m)$.

Besitzt $\mathfrak{N}$ über $\mathfrak{K}$ eine Kr. $\mathfrak{K} = \mathfrak{N}_0 \subset \mathfrak{N}_1 = \mathfrak{N}$ mit der „Gliederzahl" $m = 1$, d. h. ist $\mathfrak{N}$ über $\mathfrak{K}$ einfach, so ist der Kr.-Satz trivial. Es genügt daher, die Behauptung für zwei Kr. mit $m' \geqq m$ unter der Voraussetzung zu beweisen, daß sie in allen den Fällen richtig ist, in denen Kompositionsreihen mit Gliederzahlen $m'' < m$ auftreten. Ist nun $\mathfrak{N}_1 = \mathfrak{N}'_1$, so braucht man nur die Kr. $\mathfrak{K}'' = \mathfrak{N}_1 \subset \mathfrak{N}_2 \subset \ldots \subset \mathfrak{N}_m$ und $\mathfrak{K}'' = \mathfrak{N}_1 \subset \mathfrak{N}'_2 \subset \ldots \subset \mathfrak{N}'_{m'}$ von den Gliederzahlen $m - 1$. $m' - 1$ zu vergleichen. Ist aber $\mathfrak{N}_1 \neq \mathfrak{N}'_1$, so sei $\mathfrak{N}''_2 = \mathfrak{N}_1 \cdot \mathfrak{N}'_1$, und es sei $\mathfrak{N}''_2 \subset \mathfrak{N}''_3 \subset \ldots \subset \mathfrak{N}''_{m''} = \mathfrak{N}$ eine Kr. von $\mathfrak{N}$ über $\mathfrak{N}''_2$. Aus dem Satz des Schlußteils von § 34 folgt dann, daß sowohl $\mathfrak{K} = \mathfrak{N}_0 \subset \mathfrak{N}_1 \subset \mathfrak{N}''_2 \subset \ldots \subset \mathfrak{N}''_{m''} = \mathfrak{N}$ als auch $\mathfrak{K} = \mathfrak{N}_0 \subset \mathfrak{N}'_1 \subset \mathfrak{N}''_2 \subset \ldots \subset \mathfrak{N}''_{m''} = \mathfrak{N}$ Kr. von $\mathfrak{N}$ über $\mathfrak{K}$ sind, und daß die Gradgleichungen $\mathfrak{N}_1 : \mathfrak{K} = \mathfrak{N}''_2 : \mathfrak{N}'_1$, $\mathfrak{N}'_1 : \mathfrak{K} = \mathfrak{N}''_2 : \mathfrak{N}_1$ gelten. Die Richtigkeit der zu beweisenden Behauptungen ergibt sich nun leicht, wenn man zuerst die Kr. $\mathfrak{N}_1 \subset \mathfrak{N}_2 \subset \ldots \subset \mathfrak{N}_m = \mathfrak{N}$ und $\mathfrak{N}_1 \subset \mathfrak{N}''_2 \subset \ldots \subset \mathfrak{N}''_{m''} = \mathfrak{N}$ vergleicht, wobei man insbesondere $m'' = m$ erhält, und dann die Kr. $\mathfrak{N}'_1 \subset \mathfrak{N}''_2 \subset \ldots \subset \mathfrak{N}''_m = \mathfrak{N}$ und $\mathfrak{N}'_1 \subset \mathfrak{N}'_2 \subset \ldots \subset \mathfrak{N}'_{m'} = \mathfrak{N}$ betrachtet. — Aus dem Kr.-Satz folgt insbesondere: *Ist* $\mathfrak{N}$ *über* $\mathfrak{K}$ *metazyklisch, so ist es auch jeder über* $\mathfrak{K}$ *normale Unterkörper* $\mathfrak{N}'$ *von* $\mathfrak{N}$. (Man bilde eine Kr. von $\mathfrak{N}$ über $\mathfrak{K}$, in der $\mathfrak{N}'$ als Glied auftritt und beachte, daß bei dieser Kr. nach dem Kr.-Satz alle auftretenden Gradzahlen Primzahlen sein müssen).

b) Radikalkörper. Der Oberkörper $\mathfrak{L}$ von $\mathfrak{K}$ heißt Radikalkörper über $\mathfrak{K}$, wenn eine Darstellung $\mathfrak{L} = \mathfrak{K}(\alpha_1, \ldots, \alpha_n)$ existiert, bei der α_i jeweils über $\mathfrak{L}_{i-1} = \mathfrak{K}(\alpha_1, \ldots, \alpha_{i-1})$ Nullstelle eines nicht notwendig unzerlegbaren Binoms $x^{r_i} - A_{i-1}$

vom Primzahlgrade r_i ist ($\mathfrak{L}_0 = \mathfrak{K}$). Die Beschränkung auf Primzahlgrade r_i ist zweckmäßig und unbedenklich, weil die Lösung einer binomischen Gleichung beliebigen Grades stets auf die Lösung endlich vieler binomischer Gleichungen von Primzahlgrad zurückgeführt werden kann. Gibt es zu dem Radikalkörper $\mathfrak{L}$ eine normierte Darstellung $\mathfrak{L} = \mathfrak{K}(\alpha_1, \ldots, \alpha_n)$, bei der $\mathfrak{L}_{i-1}$ jeweils die r_i-ten Einheitswurzeln enthält, und $x^{r_i} - A_{i-1}$ über $\mathfrak{L}_{i-1}$ unzerlegbar ist, so möge $\mathfrak{L}$ „normierbarer Radikalkörper" über $\mathfrak{K}$ heißen. — Der Begriff des Radikalkörpers ist von fundamentaler Bedeutung, weil die Frage, ob eine Gleichung $p(x) = 0$ mit Beiwerten aus einem gegebenen Körper $\mathfrak{K}$ durch Radikale lösbar ist, in algebraisch präziser Fassung so viel bedeutet wie: Gibt es einen Radikalkörper $\mathfrak{L}$ über $\mathfrak{K}$, der eine Nullstelle des Polynoms $p(x)$ enthält? Um in dieser Hinsicht ein brauchbares Kriterium zu finden, bemerken wir zunächst:

Hilfssatz 1: Es sei $p(x)$ aus $\mathfrak{K}[x]$ ein Polynom vom Primzahlgrade r, das entweder über $\mathfrak{K}$ unzerlegbar und zyklisch ist (Fall a) oder ein Binom darstellt (Fall b). α sei eine Nullstelle von $p(x)$, $\mathfrak{M}$ ein die primitive r-te Einheitswurzel ε_r enthaltender Oberkörper von $\mathfrak{K}$. Dann ist in beiden Fällen entweder $\mathfrak{M}(\alpha) = \mathfrak{M}$ oder es wird $\mathfrak{M}(\alpha) = \mathfrak{M}(\beta)$, wobei β eine Nullstelle eines über $\mathfrak{M}$ unzerlegbaren, zyklischen Binoms vom Grade r darstellt. Beweis: Fall a) Ist $p(x)$ über $\mathfrak{M}$ unzerlegbar, so ist $p(x)$ über $\mathfrak{M}$ zyklisch, und die Behauptung folgt sofort aus § 28. Ist dagegen $p(x)$ über $\mathfrak{M}$ zerlegbar, so zerfällt $p(x)$ als Normalpolynom über $\mathfrak{K}$ nach § 34 über $\mathfrak{M}$ in lauter Faktoren gleichen Grades, die wegen des Primzahlgrades von $p(x)$ linear sein müssen. Man hat also $\mathfrak{M}(\alpha) : \mathfrak{M} = 1$, $\mathfrak{M}(\alpha) = \mathfrak{M}$. Fall b) Ist $\alpha_1 \neq \alpha$ eine beliebige zweite Nullstelle des Binoms $p(x) = x^r - A$, so ist wegen der Zugehörigkeit von ε_r zu $\mathfrak{M}$ sicher $\mathfrak{M}(\alpha_1) = \mathfrak{M}(\alpha)$, $\mathfrak{M}(\alpha_1) : \mathfrak{M} = \mathfrak{M}(\alpha) : \mathfrak{M}$. Daraus folgt wie bei a), daß $\mathfrak{M} = \mathfrak{M}(\alpha)$ sein muß, falls $p(x)$ über $\mathfrak{M}$ zerlegbar wird. Ist aber $p(x)$ über $\mathfrak{M}$ unzerlegbar, so ist $p(x)$ wegen $\mathfrak{M}(\alpha) = \mathfrak{M}(\alpha_1)$ über $\mathfrak{M}$ zyklisch, und wir können einfach $\beta = \alpha$ setzen.

Hilfssatz 2: Es sei $\mathfrak{L} = \mathfrak{L}_m = \mathfrak{K}(\alpha_1, \ldots, \alpha_m)$ und es sei α_i über $\mathfrak{L}_{i-1} = \mathfrak{K}(\alpha_1, \ldots, \alpha_{i-1})$ jeweils Nullstelle eines Polynoms $p_i(x)$ vom Primzahlgrade r_i, wobei entweder $p_i(x)$ über $\mathfrak{L}_{i-1}$ unzerlegbar und zyklisch ist (Fall a) oder ein Binom darstellt (Fall b). $\mathfrak{M}$ sei ein die r_i-ten Einheitswurzeln $(i = 1, \ldots, m)$ enthaltender Oberkörper von $\mathfrak{K}$. Dann ist $\mathfrak{M}(\alpha_1, \ldots, \alpha_m)$ ein normierbarer Radikalkörper über $\mathfrak{M}$. Der Beweis ergibt sich durch m-malige Anwendung von Hilfssatz 1, der unmittelbar zeigt, daß $\mathfrak{M}(\alpha_1, \ldots, \alpha_i)$ ein normierbarer Radikalkörper über $\mathfrak{M}$ sein muß, falls $\mathfrak{M}(\alpha_1, \ldots, \alpha_{i-1})$ ein solcher Körper ist.

Hilfssatz 3: Es seien $\pi_1, \pi_2, \ldots$ die nach wachsender Größe geordneten Primzahlen, ε_{π_i} sei eine primitive π_i-te Einheitswurzel. Dann ist bei beliebigem $\mathfrak{K}$ für jedes n stets $\mathfrak{K}(\varepsilon_{\pi_1}, \ldots, \varepsilon_{\pi_n}) = \mathfrak{K}_n$ ein normierbarer Radikalkörper über $\mathfrak{K}$. Es genügt offenbar zu zeigen, daß $\mathfrak{K}_n$ einen normierbaren Radikalkörper über $\mathfrak{K}$ darstellt, falls $\mathfrak{K}_{n-1}$ ein solcher Körper ist $(n \geqq 2$, da $\mathfrak{K}_1 = \mathfrak{K}(-1) = \mathfrak{K})$. Nach § 32 ist nun $\mathfrak{K}(\varepsilon_{\pi_n}) = \mathfrak{K}(\alpha_1, \ldots, \alpha_m)$, wobei α_i jeweils zyklisch über $\mathfrak{K}(\alpha_1, \ldots, \alpha_{i-1})$ von einem Primzahlgrade $r_i < \pi_n$. Die Richtigkeit von Hilfssatz 3 ergibt sich daher unmittelbar aus Hilfssatz 2, wenn wir in diesem nur $\mathfrak{K}_{n-1}$ an Stelle von $\mathfrak{M}$, $\mathfrak{K}_n = \mathfrak{K}_{n-1}(\alpha_1, \ldots, \alpha_m)$ an Stelle von $\mathfrak{M}(\alpha_1, \ldots, \alpha_m)$ setzen, und beachten, daß $\mathfrak{K}_{n-1}$ nach Definition für $i = 1, \ldots, m$ die r_i-te Einheitswurzel enthält.

Hilfssatz 4: Ist $\mathfrak{L}$ ein Radikalkörper über $\mathfrak{K}$, so ist es auch der kleinste $\mathfrak{L}$ umfassende, über $\mathfrak{K}$ normale Körper $\mathfrak{N}$. Zum Beweise braucht man angesichts der schrittweisen Erzeugung der Radikalkörper aus dem Grundkörper nur zu zeigen: Es sei $\mathfrak{N}$ ein über $\mathfrak{K}$ normaler Radikalkörper (eventuell $\mathfrak{N} = \mathfrak{K}$), α sei eine Nullstelle eines Binoms $x^r - A$ aus $\mathfrak{N}[x]$ vom

Primzahlgrade r. Dann ist der kleinste, $\mathfrak{N}(\alpha)$ umfassende über $\mathfrak{K}$ normale Körper $\mathfrak{M}$ ein Radikalkörper über $\mathfrak{N}(\alpha)$. Es sei nun $p(x)$ das über $\mathfrak{K}$ unzerlegbare Polynom mit der Nullstelle A. Dann liegen wegen der Normalität von $\mathfrak{N}$ die sämtlichen Nullstellen $A = A_1, A_2, \ldots$ von $p(x)$ in $\mathfrak{N}$. Andererseits ist α ersichtlich über $\mathfrak{K}$ Nullstelle von $p(x) = \prod_{k=1}^{t} (x^r - A_k)$ und es entsteht dementsprechend $\mathfrak{M}$ aus $\mathfrak{N}(\alpha)$ durch Hinzunahme geeigneter Nullstellen der Binome $x^r - A_k (k = 1, \ldots, t)$. Fertig! Hilfssatz 4 gestattet es uns, die Betrachtung im wesentlichen auf über dem Grundkörper normale Radikalkörper zu beschränken. Auf Grund der Hilfssätze 1—3 erhalten wir dann rasch das

Fundamentaltheorem: *Jeder über $\mathfrak{K}$ normale Radikalkörper ist über $\mathfrak{K}$ metazyklisch. Umgekehrt ist jeder über $\mathfrak{K}$ metazyklische Normalkörper Unterkörper eines über $\mathfrak{K}$ normalen Radikalkörpers.*

Beweis: a) Jeder über $\mathfrak{K}$ normale, normierbare Radikaloberkörper von $\mathfrak{K}$ ist über $\mathfrak{K}$ metazyklisch, weil $\mathfrak{L}(\alpha)$ über $\mathfrak{L}$ zyklisch ist, falls α eine Nullstelle eines über $\mathfrak{L}$ unzerlegbaren Binoms $x^r - A$ von Primzahlgrad r darstellt und $\mathfrak{L}$ die r-ten Einheitswurzeln enthält. b) Es sei $\mathfrak{N} = \mathfrak{K}(\alpha_1, \ldots, \alpha_m)$ ein beliebiger normaler Radikaloberkörper von $\mathfrak{K}$, r_i sei der Primzahlgrad des Binoms $x^{r_i} - A_{i-1}$, dessen Nullstelle α_i über $\mathfrak{K}(\alpha_1, \ldots, \alpha_{i-1})$ ist. Ferner sei n so groß gewählt, daß die Primzahlen $r_1, \ldots, r_m$ alle der Reihe $\pi_1, \ldots, \pi_n$ angehören. Dann ist einerseits $\mathfrak{K}(\varepsilon_{\pi_1}, \ldots, \varepsilon_{\pi_n}, \alpha_1, \ldots, \alpha_m) = \mathfrak{N}^*$ als Vereinigungskörper der Normalkörper $\mathfrak{K}(\varepsilon_{\pi_1}, \ldots, \varepsilon_{\pi_n})$ und $\mathfrak{K}(\alpha_1, \ldots, \alpha_m)$ über $\mathfrak{K}$ normal, und es stellt andererseits $\mathfrak{N}^*$ nach Hilfssatz 2 und 3 einen normierbaren Radikaloberkörper von $\mathfrak{K}$ dar. Nach a) ist ferner $\mathfrak{N}^*$ über $\mathfrak{K}$ metazyklisch und daraus folgt nach dem Korollar zum Kr.-Satz weiter, daß auch $\mathfrak{N}$ über $\mathfrak{K}$ metazyklisch sein muß. c) Die Existenz eines normierbaren, über $\mathfrak{K}$ normalen Körpers $\mathfrak{N}^*$, der den über $\mathfrak{K}$ metazyklischen Körper $\mathfrak{N} = \mathfrak{K}(\alpha_1, \ldots, \alpha_{n'})$ als Unterkörper enthält, wird genau so bewiesen, wie die Existenz von $\mathfrak{N}^*$ in b) mit dem einzigen Unterschied, daß an Stelle des Binoms $x^{r_i} - A_{i-1}$ ein über $\mathfrak{K}(\alpha_1, \ldots, \alpha_{i-1})$ unzerlegbares, zyklisches Binom vom Primzahlgrade r_i tritt.

§ 36. Nichtmetazyklische Körper

Die Bedeutung der Untersuchungen von § 35 wird erst völlig klar, wenn wir das folgende Theorem hinzunehmen:

Unmöglichkeitssatz von Abel. *Es gibt zu passenden Grundkörpern $\mathfrak{K}$ Polynome $p(x) = \prod_{i=1}^{n} (x - \alpha_i)$ aus $\mathfrak{K}[x]$, derart daß der zugehörige Normaloberkörper $\mathfrak{N} = \mathfrak{K}(\alpha_1, \ldots, \alpha_n)$ über $\mathfrak{K}$ nichtmetazyklisch und damit kein Radikaloberkörper von $\mathfrak{K}$ wird.*

In älterer Ausdrucksweise ist damit die Existenz von „Gleichungen $p(x) = 0$" nachgewiesen, „die nicht durch Radikale gelöst werden können", — daher die Bezeichnung „Unmöglichkeitssatz". Der geniale Abelsche Beweis des Unmöglichkeitssatzes ist sehr schwer lesbar, da er implizit dauernd mit gruppen- und körpertheoretischen Begriffen arbeitet, die in abstrakter Fassung Abel noch gar nicht zur Verfügung standen. Insbesondere fehlte Abel noch der exakte Begriff der Unbestimmten, — und doch ist gerade das Arbeiten mit Unbestimmten für den original Abelschen Beweis wesentlich. Ein Körperpaar $\mathfrak{K}$, $\mathfrak{N}$ im Sinne des Abelschen Theorems wird nämlich folgendermaßen gewonnen: Man bildet zu einem beliebigen Körper K den Polynomring $\mathfrak{P} = K[u_1, \ldots, u_n]$ in n Unbestimmten, sowie den Polynomring $\mathfrak{Q} = K[A_1, \ldots, A_n]$ in den symmetrischen Grundfunktionen A_i der u_i (vgl. § 6). Der Quotientenkörper $\mathfrak{N}$ von $\mathfrak{P}$ ist dann Normaloberkörper des Quotientenkörpers $\mathfrak{K}$ von $\mathfrak{Q}$, denn wir haben $\mathfrak{N} = \mathfrak{K}(u_1, \ldots, u_n)$, wobei die u_i gerade die Nullstellen des Polynoms $q(x) = x^n - A_1 x^{n-1} + A_2 x^{n-2} - \cdots \pm A_n$ aus $\mathfrak{K}[x]$ sind. Man sieht nun sofort: Für jede beliebige Vertauschung $u_i \to u_{k_i}$ $(i = 1, \ldots, n)$ der u_i wird durch die Vorschrift $a \to a$ (a aus K), $u_i \to u_{k_i}$ $(i = 1, \ldots, n)$ ein Isomorphismus $\mathfrak{N} \longleftrightarrow \mathfrak{N}$ von $\mathfrak{N}$ auf $\mathfrak{N}$ definiert, der jedes Element aus $\mathfrak{K}$ sich selbst zuordnet. Auf Grund dieser Bemerkung kann Abel dann rein gruppentheoretisch zeigen, daß $\mathfrak{N}$ für $n \geqq 5$ stets über $\mathfrak{K}$ nichtmetazyklisch ist. Der Beweis, der über unseren Rahmen hinausführt, wird in § 37 andeutungsweise skizziert werden.

Zunächst beweisen wir ausführlich eine teils speziellere, teils schärfere Aussage:

Unmöglichkeitssatz für $\mathfrak{K}_0$: *Für jede Primzahl $p \geqq 5$ gibt es in $\mathfrak{K}_0[x]$ irreduzible Polynome $q(x) = \prod_{i=1}^{p} (x - \alpha_i)$, derart daß $\mathfrak{N} = \mathfrak{K}_0(\alpha_1, \ldots, \alpha_p)$ über $\mathfrak{K}_0$ nichtmetazyklisch ist.*

Beim Beweis benutzen wir die Tatsache, daß die Nullstellen jedes Polynoms $q(x)$ aus $\mathfrak{K}_0[x]$ als komplexe Zahlen gedeutet werden können, daß man also von der Anzahl der reellen Nullstellen von $q(x)$ sprechen darf (vgl. § 9).

Hilfssatz: Sind $p \geqq 3$ und p_1 Primzahlen, n und m der Bedingung $1 - np_1 + mp_1 < 0$ genügende, durch p_1 unteilbare, ganze positive Zahlen, so hat das über $\mathfrak{K}_0$ unzerlegbare Polynom $q(x) = x^p - (np_1)\,x + (mp_1)$ genau 3 reelle Nullstellen.

Beweis: a) $q(x)$ ist unzerlegbar nach Schönemann-Eisenstein. b) Da $q'(x) = px^{p-1} - np_1$ genau 2 reelle Nullstellen hat, besitzt $q(x)$ nach dem Satz von Rolle der Infinitesimalrechnung höchstens 3 reelle Nullstellen. c) Es ist $q(np_1) > 0$, $q(1) < 0$, $q(-1) > 0$; es ist also nach Bolzano die Zahl der reellen Nullstellen von $q(x)$ mindestens gleich 3. — Der Unmöglichkeitssatz für $\mathfrak{K}_0$ ergibt sich jetzt sofort aus folgendem Theorem:

Satz von Kronecker: *Ist bei dem über* $\mathfrak{K}_0$ *unzerlegbaren Polynom* $q(x) = \prod_{i=0}^{p-1}(x - \alpha_i)$ *aus* $\mathfrak{K}_0[x]$ *von ungeradem Primzahlgrade* p *der Körper* $\mathfrak{N} = \mathfrak{K}_0(\alpha_0, \ldots, \alpha_{p-1})$ *über* $\mathfrak{K}_0$ *metazyklisch, so hat* $q(x)$ *entweder genau eine oder* p *reelle Nullstellen.*

Beweis: I. Wir definieren: Der Unterkörper $\mathfrak{K}$ des Körpers $\mathfrak{K}_k$ aller komplexen Zahlen heißt selbstkonjugiert, wenn $\mathfrak{K}$ mit $\alpha = a + ib$ (a, b reell) stets auch die konjugiert komplexe Zahl $\bar{\alpha} = a - ib$ enthält. — Bemerkungen: a) Jeder reelle Körper ist selbstkonjugiert. — b) Ist $\mathfrak{K}$ selbstkonjugiert und α über $\mathfrak{K}$ algebraisch (etwa $\mathfrak{K}(\alpha):\mathfrak{K} = n$), so ist $\mathfrak{K}(\alpha)$ genau dann selbstkonjugiert, wenn $\bar{\alpha}$ zu $\mathfrak{K}(\alpha)$ gehört; insbesondere ist also $\mathfrak{K}(\alpha)$ immer selbstkonjugiert, wenn $\alpha = \bar{\alpha}$ reell. — Beachte: Jedes γ aus $\mathfrak{K}(\alpha)$ besitzt eine Darstellung $\gamma = a_0 + a_1\alpha + \cdots + a_{n-1}\alpha^{n-1}$, bei der a_i und $\bar{a}_i$ in $\mathfrak{K}$ $(i = 0, \ldots, n-1)$; es ist $\bar{\gamma} = \bar{a}_0 + \bar{a}_1\bar{\alpha} + \cdots + \bar{a}_{n-1}\bar{\alpha}^{n-1}$. — c) Ist $\mathfrak{K}$ selbstkonjugiert, $\alpha = \bar{\alpha}$ reell und $\mathfrak{K}(\alpha):\mathfrak{K} = n$, so ist $\gamma = a_0 + a_1\alpha + \cdots + a_{n-1}\alpha^{n-1}$ aus $\mathfrak{K}(\alpha)$ genau dann reell, wenn die zu $\mathfrak{K}$ gehörigen a_i alle reell sind. — Beachte: Aus $\gamma = a_0 + a_1\alpha + \cdots + a_{n-1}\alpha^{n-1} = \bar{a}_0 + \bar{a}_1\alpha + \cdots + \bar{a}_{n-1}\alpha^{n-1} = \bar{\gamma}$ folgt $a_i = \bar{a}_i$ $(i = 0, \ldots, n-1)$, da die Darstellungen für γ und $\bar{\gamma}$ über $\mathfrak{K}$ eindeutig bestimmt sind.

II. Ein normierbarer Radikaloberkörper $\mathfrak{L}$ des reellen (oder selbstkonjugierten) Körpers $\mathfrak{K}$ soll selbstkonjugiert normierbar heißen, wenn im Sinne von § 35 eine normierte Darstellung $\mathfrak{K} = \mathfrak{L}_0 < \mathfrak{L}_1 < \cdots < \mathfrak{L}_n = \mathfrak{L}$ existiert, bei der alle $\mathfrak{L}_i$ selbstkonjugiert sind.

Hilfssatz: Zu jedem normierbaren Radikaloberkörper $\mathfrak{M}$ von $\mathfrak{K}$ gibt es einen selbstkonjugiert normierbaren Radikaloberkörper $\mathfrak{L} \geqq \mathfrak{M}$.

Beweis: Sei $\mathfrak{K} = \mathfrak{M}_0 < \mathfrak{M}_1 < \cdots < \mathfrak{M}_{s-1} = \mathfrak{M}' < \mathfrak{M}_s = \mathfrak{M}$ eine normierte Darstellung von $\mathfrak{M}$. Im Sinne des Induktionsschlusses dürfen wir annehmen, es sei bereits ein selbstkonjugiert normierbarer Radikaloberkörper $\mathfrak{L}' \geqq \mathfrak{M}'$ von $\mathfrak{K}$ bekannt. Nach § 35 ist $\mathfrak{M} = \mathfrak{M}'(\alpha)$, wobei α Nullstelle eines Binoms $x^r - a = (x-\alpha)\cdot(x-\varepsilon\alpha)\cdot\ldots\cdot(x-\varepsilon^{r-1}\alpha)$ aus $\mathfrak{M}'[x]$ vom Primzahlgrad r, und es liegt die r-te Einheitswurzel ε in $\mathfrak{M}'$. Setzen wir $c = \alpha \cdot \bar{\alpha} = \bar{c}$, $\mathfrak{L}'' = \mathfrak{L}'(c)$, $\mathfrak{L} = \mathfrak{L}''(\alpha)$, so ist $\mathfrak{L} \geqq \mathfrak{M}$, es sind $\mathfrak{L}''$ und $\mathfrak{L}$ nach I. b) selbstkonjugiert, es ist c bzw. α Nullstelle des Binoms $x^r - a \cdot \bar{a}$ bzw. $x^r - a$ aus $\mathfrak{L}'[x]$ bzw. $\mathfrak{L}''[x]$, und es muß im Falle $\mathfrak{L}'' > \mathfrak{L}'$ bzw. $\mathfrak{L} > \mathfrak{L}''$ nach § 35, Hilfssatz 1 sicher $\mathfrak{L}'' : \mathfrak{L}' = r$ bzw. $\mathfrak{L} : \mathfrak{L}'' = r$ sein. Daraus folgt aber, daß $\mathfrak{L}$ ebenso wie $\mathfrak{L}'$ ein selbstkonjugiert normierbarer Radikaloberkörper von $\mathfrak{K}$ ist.

III. Nach § 35 und II. existiert zu dem Polynom $q(x)$ des Kroneckerschen Satzes vom Primzahlgrade p ein selbstkonjugiert normierbarer Radikaloberkörper $\mathfrak{L} \geqq \mathfrak{K}_0(\alpha_0, \ldots, \alpha_{p-1}) = \mathfrak{N}$ von $\mathfrak{K}_0$. Ist $\mathfrak{K}_0 = \mathfrak{L}_0 < \mathfrak{L}_1 < \cdots < \mathfrak{L}_s = \mathfrak{L}$ eine normierte Darstellung von $\mathfrak{L}$ mit selbstkonjugierten $\mathfrak{L}_i$, so gibt es einen Index $i_0 < s$, derart daß $q(x)$ unzerlegbar über $\mathfrak{L}_{i_0} = \mathfrak{M}$, aber zerlegbar über $\mathfrak{L}_{i_0+1}$. Es sei $\mathfrak{L}_{i_0+1} = \mathfrak{M}(\beta)$, wobei β Nullstelle des Binoms $x^r - b = (x-\beta)\cdot(x-\varepsilon\beta)\cdot\ldots\cdot(x-\varepsilon^{r-1}\beta)$ aus $\mathfrak{M}[x]$ vom Primzahlgrad r und die r-te Einheitswurzel ε in $\mathfrak{M}$. Da $\mathfrak{M}(\beta)$ über $\mathfrak{M}$ normal, zerfällt $q(x)$ über $\mathfrak{M}(\beta)$ in lauter Faktoren gleichen Grades, die wegen $|q(x)| = p$ Linearfaktoren sein müssen. Es ist also $\mathfrak{M} < \mathfrak{M}(\alpha_0) \leqq \mathfrak{M}(\beta)$, $\mathfrak{M}(\alpha_0) : \mathfrak{M} = p$, $\mathfrak{M}(\beta) : \mathfrak{M} = r$, woraus $p = r$ folgt. — Wir setzen jetzt $\beta \cdot \bar{\beta} = c$, sodaß c über $\mathfrak{M}$ Nullstelle von $x^p - b \cdot \bar{b} = (x-c)\cdot(x-\varepsilon c)\cdot\ldots\cdot(x-\varepsilon^{p-1}c)$ und unterscheiden zwei Fälle:

a) $q(x)$ wird über $\mathfrak{M}(c)$ zerlegbar und zerfällt also über $\mathfrak{M}(c)$ in Linearfaktoren. Nach einem elementaren Satz der Analysis hat $q(x)$ mindestens eine reelle Nullstelle, etwa α_0, und es besitzt α_0 über $\mathfrak{M}(c)$ eine eindeutige Darstellung $\alpha_0 = a_0 + a_1 c + \cdots + a_{p-1} c^{p-1}$ mit nach I. c) durchweg reellen a_i aus $\mathfrak{M}$; dabei ist $a_{i_0} \neq 0$ für mindestens ein $i_0 \geqq 1$. Die übrigen Nullstellen von $q(x)$ haben über $\mathfrak{M}$ die Darstellungen $\alpha_k = a_0 + a_1(\varepsilon^k c) + \cdots + a_{p-1}(\varepsilon^k c)^{p-1} = a_0 + (a_1\varepsilon^k)c + \cdots + (a_{p-1}\varepsilon^{k(p-1)})\, c^{p-1}$ $(k = 1, \ldots, p-1)$. Nach I. c) müssen nun die α_k alle echt komplex sein, da $a_{i_0} \cdot \varepsilon^{k \cdot i_0}$ echt komplex für $k = 1, \ldots, p-1$. — b) $q(x)$ ist über $\mathfrak{M}' = \mathfrak{M}(c)$ unzerlegbar. Dann ist $\mathfrak{M}'(\beta) > \mathfrak{M}'$, also $x^p - b$ unzerlegbar über $\mathfrak{M}'$, und es zerfällt $q(x)$ über $\mathfrak{M}'(\beta)$ in Linearfaktoren. Ist $\alpha_0 = a_0 + a_1\beta + \cdots + a_{p-1}\beta^{p-1}$ die Darstellung der reellen Nullstelle α_0 von $q(x)$ über $\mathfrak{M}'$, so haben die übrigen Nullstellen die Darstellungen $\alpha_k = a_0 + (a_1\varepsilon^k)\beta + \cdots + (a_{p-1}\varepsilon^{k(p-1)})\,\beta^{p-1}$ $(k = 1, \ldots, p-1)$ und unter Benutzung von $\bar{\beta} = c\beta^{-1}$, $\bar{\varepsilon} = \varepsilon^{-1}$ ergibt sich:

$$\alpha_i - \bar{\alpha}_i = \prod_{k=0}^{p-1} [a_k(\varepsilon^i\beta)^k - \bar{a}_k c^k (\varepsilon^i\beta)^{-k}] = (\varepsilon^i \cdot \beta)^{1-p} \cdot Q(\varepsilon^i\beta)$$

$(i = 0, \ldots, p-1)$, wobei $Q(x)$ ein Polynom aus $\mathfrak{M}'[x]$. Wegen $\alpha_0 = \bar{\alpha}_0$ ist $Q(\beta) = 0$, und daraus folgt $Q(\varepsilon^i\beta) = 0$ $(i = 0, \ldots, p-1)$, weil $x^p - b = (x - \beta) \cdot (x - \varepsilon\beta) \cdot \ldots \cdot (x - \varepsilon^{p-1}\beta)$ unzerlegbar über $\mathfrak{M}'$. Wir haben also $\alpha_i - \bar{\alpha}_i = 0$ $(i = 0, \ldots, p-1)$, d. h. es sind im Falle b) alle Nullstellen von $q(x)$ reell.

§ 37. Ausblick auf die Galoissche Theorie

Ihren krönenden Abschluß verdankt die klassische Gleichungstheorie zwei genialen, allzu früh verstorbenen Mathematikern, dem Norweger Niels Henrik Abel (geb. 1802 in Findöe, gest. 1829 bei Arendal) und dem Franzosen Evariste Galois (geb. 1811 in Paris, gefallen im Duell 1832 ebenda). Abels große Beiträge zur Algebra sind der Unmöglichkeitssatz (vgl. § 36), dessen Beweis 1826 in Band 1 von Crelles Journal, der ältesten heute noch bestehenden mathematischen Zeitschrift, veröffentlicht wurde, und die Theorie der heute als abelsch bezeichneten Gleichungen (Crelle, Band 4, 1829). Vom modernen Standpunkt bilden die abelschen Normalkörper eine Klasse, die allgemeiner ist als die Klasse der zyklischen, aber spezieller als die Klasse der metazyklischen. Die einfachste Charakterisierung können wir erst geben, nachdem wir, wie es jetzt geschehen soll, die Grundgedanken von Galois kurz skizziert haben.

Unter einer Abbildung A von $\mathfrak{L}$ auf $\mathfrak{M}$ über $\mathfrak{K}$ verstehen wir einen Isomorphismus $\mathfrak{L} \longleftrightarrow \mathfrak{M}(\mathfrak{K})$ im Sinne von § 24. Ist a aus $\mathfrak{L}$, so bedeutet aA das (in $\mathfrak{M}$ liegende) „Bild" des „Urbildes" a hinsichtlich A. Es sei jetzt $p(x) = (x - \alpha_1) \cdot \ldots \cdot (x - \alpha_n)$ ein Polynom aus $\mathfrak{K}[x]$, bei dem $\alpha_i \neq \alpha_k$ für $i \neq k$ und $\mathfrak{N} = \mathfrak{K}(\alpha_1, \ldots, \alpha_n)$ der zu $p(x)$ gehörige Normaloberkörper von $\mathfrak{K}$; schließlich bedeute G die Menge aller Abbildungen A von $\mathfrak{N}$ auf sich selbst über $\mathfrak{K}$ („Automorphismen von $\mathfrak{N}$ über $\mathfrak{K}$"). Definieren wir das Produkt AB zweier Abbildungen aus G durch die Vorschrift $a(AB) = (aA)B$, so gehört mit A und B stets auch AB zu G, es gilt das assoziative Gesetz $(AB)\Gamma = A(B\Gamma)$, und es gibt in G zu jeder Abbildung A die inverse (einfach durch Vertauschung von Urbildern und Bildern entstehende) Abbildung A^{-1}, für die $A^{-1}A = E$ wird, falls E die identische, jedes α aus $\mathfrak{N}$ sich selbst zuordnende Abbildung bedeutet. D. h. aber in moderner Terminologie, daß G eine Gruppe von Abbildungen darstellt. Wir nennen G die Galoisgruppe von $\mathfrak{N}$ über $\mathfrak{K}$. — Da aus $p(\alpha_i) = 0$ sofort $(p(\alpha_i))A = p(\alpha_i A) = 0$ folgt, definiert jedes A eine (wegen $\alpha_i \neq \alpha_k$, $i \neq k$) eindeutig bestimmte Vertauschung $\mathfrak{T}_A$ der Nullstellen von $p(x)$, und es ist andererseits A wegen $\mathfrak{N} = \mathfrak{K}(\alpha_1, \ldots, \alpha_n)$ durch $\mathfrak{T}_A$ eindeutig festgelegt. Durch die Vorschrift $A \longleftrightarrow \mathfrak{T}_A$ wird daher G umkehrbar eindeutig auf eine Gruppe G_p von Vertauschungen der α_i abgebildet, wobei AB stets $\mathfrak{T}_A \cdot \mathfrak{T}_B = \mathfrak{T}_{AB}$ entspricht. G_p ist die Galoisgruppe des Polynoms $p(x)$ über $\mathfrak{K}$ im Sinne von Galois selbst (vgl. § 29). Die durch $\mathfrak{N}$ und $\mathfrak{K}$ allein eindeutig bestimmte Gruppe G wurde von

Richard Dedekind (geb. Braunschweig 1831, gest. daselbst 1916) eingeführt. Im modernen Sinn ist die der Rechnung leichter zugängliche Gruppe G_p eine Darstellung von G. Da es zu $\mathfrak{N}$ über $\mathfrak{K}$ unendlich viele erzeugende Polynome gibt, besitzt G unendlich viele verschiedene Darstellungen. Für die Galoisgruppe beweist man (durch überraschend einfache Überlegungen, vgl. Bd. II, § 12): Die Elementezahl („Ordnung“) von G ist gleich $\mathfrak{N}:\mathfrak{K}$. Die Körper $\mathfrak{L}$ zwischen $\mathfrak{K}$ und $\mathfrak{N}$ lassen sich (nach der Methode von § 31) umkehrbar eindeutig den Untergruppen H von G zuordnen. Dabei ist $\mathfrak{L}$ genau dann über $\mathfrak{K}$ normal, wenn H im Sinne der Gruppentheorie „in G invariant“ ist. — Führt man weiter rein gruppentheoretisch den Begriff der metazyklischen Gruppe ein, so erhält man den die Ergebnisse von § 36 erst richtig abrundenden Fundamentalsatz: $\mathfrak{N}$ ist dann und nur dann über $\mathfrak{K}$ metazyklisch, wenn die Galoisgruppe G metazyklisch ist. Der Beweis des Abelschen Unmöglichkeitssatzes wird jetzt ganz einfach. Bei dem am Anfang von § 36 konstruierten Körperpaar $\mathfrak{N}, \mathfrak{K}$ besitzt G die Darstellung G_q als Gruppe $\mathfrak{S}_n$ aller Vertauschungen $u_1, \ldots, u_n$. Daß aber diese Gruppe für $n \geqq 5$ nichtmetazyklisch ist, ist ein elementarer gruppentheoretischer Satz. — Auch die Abelschen Normalkörper lassen sich sofort in den allgemeinen Rahmen einordnen: $\mathfrak{N}$ ist genau dann über $\mathfrak{K}$ abelsch, wenn G kommutativ ist, d. h. wenn für A, B aus G immer $AB = BA$ ist.

Zum Schlusse möge noch kurz skizziert werden, wie weit sich unsere für den Fall der Charakteristik 0 abgeleiteten Sätze auf Körper von einer Primzahlcharakteristik p übertragen lassen (vgl. § 8). Zunächst gelten die Sätze von § 23—25, sowie die der ersten Hälfte von § 34 ohne weiteres für alle Charakteristiken. Bei dem Abelschen Satz von § 34 ist wörtliche Übertragung des Beweises möglich, wenn man weiß, daß $\mathfrak{K}$ unendlich viele Elemente enthält, und daß jedes α_i über $\mathfrak{K}$ einer Gleichung $p(x) = 0$ mit lauter einfachen Nullstellen genügt. Anstelle der Kreisteilungstheorie tritt bei Charakteristik p die Theorie der endlichen (also nur aus endlich vielen Elementen bestehenden) Oberkörper $\overline{\mathfrak{E}}_p$ des Körpers $\overline{\mathfrak{K}}_p$ von § 8; denn man sieht leicht, daß $\bar{a}$ dann und nur dann einem $\overline{\mathfrak{E}}_p$ angehört, wenn $\bar{a}$ über $\overline{\mathfrak{K}}_p$ einer Gleichung $\bar{a}^n = \bar{1}$ genügt. Es ergibt sich, daß jeder $\overline{\mathfrak{E}}_p$ über $\overline{\mathfrak{K}}_p$ normal und zyklisch und durch seinen Grad $\overline{\mathfrak{E}}_p : \overline{\mathfrak{K}}_p$ eindeutig bestimmt ist. Auf Grund der Sätze über die $\overline{\mathfrak{E}}_p$ kann die Theorie der metazyklischen und der Radikalkörper bei Charakteristik p im wesentlichen genau so entwickelt werden wie in § 28, 29, 35, sofern man sich auf Normalkörper beschränkt, die über ihrem Grundkörper einen zu p teilerfremden Grad besitzen. Zur Behandlung beliebiger metazyklischer Normalkörper dagegen braucht man, (weil $\bar{1}$ die einzige Lösung der Gleichung $x^{p^f} = \bar{1}$ ist), bei Charakteristik p eine eigene Theorie der zyklischen Körper p^f-ten Grades, die über den Gesichtskreis dieses Buches wesentlich hinausführt.

Abschnitt VII. Geordnete und reelle Körper

§ 38. Ordnungen

In § 38—40 soll gewissermaßen eine Brücke zwischen Analysis und Algebra geschlagen werden, und zwar mit Hilfe des Fundamentalbegriffes der Ordnung. Eine beliebige Menge $\mathfrak{M}$ heißt geordnet, wenn in $\mathfrak{M}$ eine Relation $\geqq$ definiert ist, die den folgenden Bedingungen genügt:

1. $a \geqq a$, aus $a \geqq b$, $b \geqq a$ folgt $a = b$ (Reflexivität und Antisymmetrie).
2. Aus $a \geqq b$, $b \geqq c$ folgt $a \geqq c$ (Transitivität).
3. Für ein beliebiges Paar a, b gilt immer $a \geqq b$ oder $b \geqq a$ („totale" Ordnung).

Statt $a \geqq b$ schreiben wir auch $b \leqq a$. Nur dann wird $a > b$, $b < a$ geschrieben, wenn sicher $a \neq b$.

Ist A eine (kommutative) Additionsgruppe, d. h. ist in A eine Addition definiert, die den Bedingungen a), b,) d), e) von § 1 genügt, so bezeichnen wir die Ordnung O der Menge A als eine **Gruppenordnung** und nennen die Elemente $a > 0$ bzw. $a < 0$ positiv bzw. negativ, wenn außer 1., 2., 3. noch gilt:

4. Aus $a \geqq b$ folgt für jedes c stets $a + c \geqq b + c$.

Ist $A = \mathfrak{R}$ nicht nur eine additive Gruppe, sondern sogar ein **Ring**, so nennen wir die Gruppenordnung O von $\mathfrak{R}$ eine **Ringordnung** (oder kurz Ordnung), wenn über 1.—4. hinaus noch gilt:

5. Aus $a > 0$, $b > 0$ folgt stets $a \cdot b > 0$.

Elementare, vom Körper $\mathfrak{K}_r$ geläufige Sätze über Gruppen- und Ringordnungen nebst wichtigen Korollaren:

a) Aus $a > 0$ folgt $a + (-a) = 0 > -a$; aus $a > 0$, $b > 0$ folgt $a + b > b > 0$. Setzt man $|a| = a$ $(a \geqq 0)$, $|a| = -a (a \leqq 0)$, so gilt stets $|a| + |b| \geqq |a + b|$.

b) Setzt man $n \times a = a + a + \cdots + a$ (n-mal) wie in § 8, so folgt stets $n \times |a| > 0$, $n \times a = \pm (n \times |a|) \neq 0$ aus $a \neq 0$.

Korollar: Jeder geordnete Körper hat Charakteristik 0, kann (und soll) also als Oberkörper von $\mathfrak{K}_0$ aufgefaßt werden.

c) Aus $a > b$, $c > 0$ folgt $a - b > 0$, $(a - b) \cdot c = a \cdot c - b \cdot c > 0$, $a \cdot c > b \cdot c$.

d) Aus $a > 0$, $b < 0$ folgt $-b > 0$, $a \cdot (-b) = -a \cdot b > 0$, $a \cdot b < 0$. Aus $a < 0$, $b < 0$ folgt $(-a) \cdot b < 0$, $a \cdot b = -(-a) \cdot b > 0$ (übliche Vorzeichenregeln).

Korollar: In einem geordneten Ring gilt $a^2 > 0$ für jedes Quadrat, insbesondere ist immer $1 = 1^2 > 0$.

e) Aus $a \neq 0$, $b \neq 0$ folgt $|a| \cdot |b| > 0$, $a \cdot b = \pm |a| \cdot |b| \neq 0$.

Korollar: Jeder geordnete Ring ist nullteilerfrei, kann also in seinen Quotientenkörper $\mathfrak{K}$ eingebettet werden (vgl. § 2).

Zur genaueren Charakterisierung aller Ordnungen eines nullteilerfreien Ringes $\mathfrak{R}$ dient folgende Definition:

Die Untermenge $\mathfrak{H}$ von $\mathfrak{R}$ soll Halbring bzw. totaler Halbring (in $\mathfrak{R}$) heißen, wenn sie folgenden Bedingungen 1., 2. bzw. 1., 2., 3. genügt: 1. 0 liegt nicht in $\mathfrak{H}$. 2. Mit a, b liegt immer auch $a + b$ und $a \cdot b$ in $\mathfrak{H}$. 3. Von jedem Paar $a \neq 0$, $-a$ liegt ein (und damit wegen 1. und 2. genau ein) Element in $\mathfrak{H}$.

Satz 1: *Bei jeder Ordnung* O *des Ringes* $\mathfrak{R}$ *bildet die Menge aller positiven Elemente in* $\mathfrak{R}$ *einen totalen Halbring. Umgekehrt gehört in* $\mathfrak{R}$ *zu jedem totalen Halbring* $\mathfrak{H}$ *eine Ordnung* O *von* $\mathfrak{R}$, *die eindeutig festgelegt ist durch die Vorschrift:* $a > b$ *genau dann, wenn* $a - b$ *in* $\mathfrak{H}$.

Satz 1 kann mühelos auf Grund der Bemerkungen a)—e) verifiziert werden. Aus unserem Resultat und dem Korollar zu Bemerkung d) folgt speziell: Gibt es in $\mathfrak{R}$ überhaupt eine Ordnung O und damit einen totalen Halbring $\mathfrak{H}$, so ist die folgende Bedingung erfüllt: Die Menge $\mathfrak{Q}_{\mathfrak{R}}$ aller Quadratensummen $\sum_{i=1}^{n} \alpha_i^2$ ($\alpha_i \neq 0$ aus $\mathfrak{R}$; $n = 1, 2, \ldots$) bildet einen Halbring, und es ist $\mathfrak{Q}_{\mathfrak{R}} \leqq \mathfrak{H}$. Wir definieren nun: $\mathfrak{R}$ soll reell heißen, wenn $\mathfrak{Q}_{\mathfrak{R}}$ einen Halbring bildet, und behaupten:

Satz 2: $\mathfrak{R}$ *besitzt genau dann mindestens eine Ordnung* O, *wenn* $\mathfrak{R}$ *reell ist.*

Der Beweis von Satz 2 erfordert einige Vorbemerkungen: Der Halbring $\mathfrak{H}$ aus $\mathfrak{R}$ möge in $\mathfrak{R}$ maximal heißen, wenn es in $\mathfrak{R}$ keinen Halbring $\mathfrak{H}_1 > \mathfrak{H}$ gibt.

Betrachten wir nun zu irgendeinem Halbring $\mathfrak{H}$ in $\mathfrak{R}$ die Menge aller Halbringe $\mathfrak{H}_1 \geqq \mathfrak{H}$, so ist diese Menge trivialerweise induktiv im Sinne von § 25, und aus dem Zornschen Lemma folgt sofort:

Hilfssatz 1: Zu jedem Halbring $\mathfrak{H}$ gibt es in $\mathfrak{R}$ einen maximalen Halbring $\mathfrak{H}^* \geqq \mathfrak{H}$.

Hilfssatz 2: Jeder in $\mathfrak{R}$ maximale Halbring $\mathfrak{H}^* \geqq \mathfrak{Q}_{\mathfrak{R}}$ ist in $\mathfrak{R}$ total.

Beweis: a) Ist $\mathfrak{H}$ irgendein Halbring in $\mathfrak{R}$, so bildet die Menge aller Quotienten $a \cdot b^{-1}$ (a, b in $\mathfrak{H}$; $a \cdot b^{-1}$ in $\mathfrak{R}$) ersichtlich wieder einen Halbring $\mathfrak{H}_1 \geqq \mathfrak{H}$. Jeder in $\mathfrak{R}$ maximale Halbring $\mathfrak{H}^*$ enthält also mit a, b auch alle in $\mathfrak{R}$ liegenden Quotienten $a \cdot b^{-1}$. — b) Es sei $a \neq 0$ und $-a$ nicht in $\mathfrak{H}^*$. Dann bildet die Menge aller Summen $a_1 + b_1 \cdot a$ (a_1, b_1 gleich 0 oder $a_1^2 + b_1^2 \neq 0$) in $\mathfrak{H}^*$ selbst einen Halbring $\mathfrak{H}_1^* \geqq \mathfrak{H}^*$. Denn $a_1 + b_1 \cdot a = 0$ ist ausgeschlossen, weil sonst $-a = a_1 \cdot b_1^{-1}$ in $\mathfrak{H}^*$ läge, und $(a_1 + b_1 \cdot a) \cdot (a_1' + b_1' \cdot a) = (a_1 a_1' + b_1 b_1' a^2) + (a_1 b_1' + a_1' b_1) \cdot a$ gehört wegen $\mathfrak{H}^* \geqq \mathfrak{Q}_{\mathfrak{R}}$ gleichzeitig mit $a_1 + b_1 \cdot a$ und $a_1' + b_1' \cdot a$ zu $\mathfrak{H}_1^*$. — Aus der Maximalität von $\mathfrak{H}^*$ folgt nun: $\mathfrak{H}_1^* = \mathfrak{H}^*$, a in $\mathfrak{H}^*$. Aus Hilfssatz 1 und 2 folgt sofort Satz 2. — Beachten wir noch, daß bei einem totalen Halbring aus den Eigenschaften 1.—3. sofort die Maximalität folgt, so erhalten wir weiter:

Korollar zu Satz 2: Die Ordnungen eines reellen Ringes $\mathfrak{R}$ entsprechen umkehrbar eindeutig denjenigen maximalen Halbringen aus $\mathfrak{R}$, die den Halbring $\mathfrak{Q}_{\mathfrak{R}}$ enthalten.

Wir bezeichnen weiter bei dem reellen Ring $\mathfrak{R}$ mit $\tilde{\mathfrak{Q}}_{\mathfrak{R}}$ den Halbring aller Quotienten $a \cdot b^{-1}$ mit a, b in $\mathfrak{Q}_{\mathfrak{R}}$, $a \cdot b^{-1}$ in $\mathfrak{R}$. Dann gilt:

Satz 3: *Der reelle Ring $\mathfrak{R}$ besitzt genau dann eine einzige Ordnung* O, *wenn der Halbring $\tilde{\mathfrak{Q}}_{\mathfrak{R}}$ total ist.*

Beweis: a) Für den zu der Ordnung O von $\mathfrak{R}$ gehörigen totalen Halbring $\mathfrak{H}^*$ gilt sicher $\mathfrak{H}^* \geqq \tilde{\mathfrak{Q}}_{\mathfrak{R}}$ (vgl. Hilfssatz 2, Beweis a)). Ist nun $\tilde{\mathfrak{Q}}_{\mathfrak{R}}$ total, so folgt $\mathfrak{H}^* = \tilde{\mathfrak{Q}}_{\mathfrak{R}}$, es ist also O gleich der durch $\tilde{\mathfrak{Q}}_{\mathfrak{R}}$ eindeutig bestimmten Ordnung. b) Es sei $\tilde{\mathfrak{Q}}_{\mathfrak{R}}$ nicht total, und es gebe also ein $a \neq 0$ in $\mathfrak{R}$, derart daß weder a noch $-a$ in $\tilde{\mathfrak{Q}}_{\mathfrak{R}}$. Dann bildet sowohl die

Menge $\mathfrak{H}^+$ aller $a_1 + b_1 \cdot a$ als auch die Menge $\mathfrak{H}^-$ aller $a_1 - b_1 \cdot a$ (a_1, b_1 gleich 0 oder in $\tilde{\mathfrak{Q}}_{\mathfrak{R}}$, $a_1^2 + b_1^2 \neq 0$) einen Halbring in $\mathfrak{R}$ (vgl. Hilfssatz 3, Beweis b)), und nach Hilfssatz 2 gibt es zwei maximale Halbringe $\mathfrak{H}_1^* \geqq \mathfrak{H}^+$, $\mathfrak{H}_2^* \geqq \mathfrak{H}^-$ in $\mathfrak{R}$, die nach Hilfssatz 3 und Satz 1 jeweils eine Ordnung O_1 bzw. O_2 von $\mathfrak{R}$ definieren. In O_1 wird $a > 0$, in O_2 wird $-a > 0$; die beiden Ordnungen sind also sicher verschieden.

Es sei nun $\mathfrak{R}_1$ Oberring von $\mathfrak{R}$ und O_1 bzw. O eine Ordnung von $\mathfrak{R}_1$ bzw. $\mathfrak{R}$. Dann nennen wir O_1 eine Fortsetzung von O auf $\mathfrak{R}_1$ und O die Beschränkung von O_1 auf $\mathfrak{R}$, wenn genau dann für a, b aus $\mathfrak{R}$ die Beziehung $a \geqq b$ in O gilt, falls $a \geqq b$ in O_1. Bedeutet $\mathfrak{H}_1$ bzw. $\mathfrak{H}$ den zu O_1 bzw. O gehörigen Halbring in $\mathfrak{R}_1$ bzw. $\mathfrak{R}$, so gilt offenbar: Es ist genau dann O_1 Fortsetzung von O, wenn $\mathfrak{H}_1 \cap \mathfrak{R} = \mathfrak{H}$. Es genügt sogar $\mathfrak{H}_1 \cap \mathfrak{R} \geqq \mathfrak{H}$, denn daraus folgt sofort $\mathfrak{H}_1 \cap \mathfrak{R} = \mathfrak{H}$ wegen der Maximalität von $\mathfrak{H}$ in $\mathfrak{R}$. Ist $\mathfrak{R}_1 > \mathfrak{R}$ und O eine gegebene Ordnung von $\mathfrak{R}$, so sei $\mathfrak{Q}_{\mathfrak{R}_1}(\mathfrak{R} \mid O)$ die Menge aller Summen $\sum_{i=1}^{n} a_i \alpha_i^2$ ($n = 1, 2, \ldots$; $a_i > 0$ in O aus $\mathfrak{R}$; $\alpha_i \neq 0$ aus $\mathfrak{R}_1$). Wir nennen $\mathfrak{R}_1$ reell über $\mathfrak{R}$, O, wenn $\mathfrak{Q}_{\mathfrak{R}_1}(\mathfrak{R} \mid O)$ die 0 nicht enthält, also ein Halbring in $\mathfrak{R}_1$ ist. Schließlich werde bei über $\mathfrak{R}$, O reellem $\mathfrak{R}_1$ unter $\tilde{\mathfrak{Q}}_{\mathfrak{R}_1}(\mathfrak{R} \mid O)$ die Menge aller Quotienten $\alpha \cdot \beta^{-1}$ (α, β in $\mathfrak{Q}_{\mathfrak{R}_1}(\mathfrak{R} \mid O)$; $\alpha \cdot \beta^{-1}$ in $\mathfrak{R}_1$) verstanden. Man sieht dann sofort: Es ist stets $\mathfrak{Q}_{\mathfrak{R}_1}(\mathfrak{R} \mid O) \geqq \mathfrak{Q}_{\mathfrak{R}_1}$. Ist $\mathfrak{R}_1$ reell über $\mathfrak{R}$, O, so ist $\mathfrak{R}_1$ stets auch reell schlechthin, und man hat $\tilde{\mathfrak{Q}}_{\mathfrak{R}_1}(\mathfrak{R} \mid O) \geqq \tilde{\mathfrak{Q}}_{\mathfrak{R}_1}$.

Satz 4: *$\mathfrak{R}_1 \geqq \mathfrak{R}$ besitzt genau dann mindestens eine Fortsetzung O_1 der gegebenen Ordnung O von $\mathfrak{R}$, wenn $\mathfrak{R}_1$ über $\mathfrak{R}$, O reell ist.*

Der Beweis verläuft grundsätzlich genauso wie der von Satz 2. Es ist nur zu beachten: Es muß $\mathfrak{R}_1$ über $\mathfrak{R}$, O

reell sein, weil die Elemente $\sum_{i=1}^{n} a_i \alpha_i^2$ von $\mathfrak{Q}_{\mathfrak{R}_1}(\mathfrak{R} \mid O)$ in jeder die Ordnung O fortsetzenden Ordnung O_1 von $\mathfrak{R}_1$ positiv sein müssen. Aus dem gleichen Grund gilt $\mathfrak{H}_1^* \geqq \tilde{\mathfrak{Q}}_{\mathfrak{R}_1}(\mathfrak{R} \mid O)$ für jeden in $\mathfrak{R}_1$ totalen Halbring, der zu einer Fortsetzung O_1 von O gehört. Ist (bei über $\mathfrak{R}$, O reellem $\mathfrak{R}_1$) etwa $\mathfrak{H}_1^*$ ein (nach Hilfssatz 1 und 2 existierender), $\tilde{\mathfrak{Q}}_{\mathfrak{R}_1}(\mathfrak{R} \mid O)$ umfassender, in $\mathfrak{R}_1$ totaler Halbring, so ist die zu $\mathfrak{H}_1^*$ gehörige Ordnung O_1 von $\mathfrak{R}_1$ eine Fortsetzung von O. Denn es ist $\mathfrak{H}_1^* \frown \mathfrak{R} \geqq \tilde{\mathfrak{Q}}_{\mathfrak{R}_1}(\mathfrak{R} \mid O) \frown \mathfrak{R} \geqq \mathfrak{H}^*$, falls $\mathfrak{H}^*$ den zu O gehörigen, in $\mathfrak{R}$ totalen Halbring bedeutet, und daraus folgt $\mathfrak{H}_1^* \frown \mathfrak{R} = \mathfrak{H}^*$. — Ohne weitere Sonderüberlegung beweist man jetzt genau nach dem Vorbild von Satz 3:

Satz 5: *Der über $\mathfrak{R}$, O reelle Ring $\mathfrak{R}_1 \geqq \mathfrak{R}$ besitzt genau eine* O *fortsetzende Ordnung* O_1, *wenn* $\tilde{\mathfrak{Q}}_{\mathfrak{R}_1}(\mathfrak{R} \mid O)$ *in* $\mathfrak{R}_1$ *ein totaler Halbring ist.*

Der Zusammenhang zwischen den Sätzen 2, 3 und 4, 5 ergibt sich so: Im Ring $\mathfrak{R}_0$ der ganzen Zahlen wird $\mathfrak{Q}_{\mathfrak{R}_0}$ gleich dem Halbring $\mathfrak{Z}$ aller ganzen positiven Zahlen, und es ist $\mathfrak{Q}_{\mathfrak{R}_0}$ in $\mathfrak{R}_0$ total, so daß die übliche Ordnung O_0 die einzig mögliche Ordnung von $\mathfrak{R}_0$ darstellt. Ist also $\mathfrak{R}$ ein beliebiger Oberring von $\mathfrak{R}_0$, so setzt jede Ordnung O von $\mathfrak{R}$ die Ordnung O_0 fort. Ferner wird $\mathfrak{Q}_{\mathfrak{R}}$ gleich $\mathfrak{Q}_{\mathfrak{R}}(\mathfrak{R}_0 \mid O_0)$, weil $\sum_{i=1}^{n} n_i \cdot \alpha_i^2$ (n_i ganz positiv) auch als reine Quadratensumme darstellbar ist. „Reell" schlechtweg bedeutet also soviel wie „reell über $\mathfrak{R}_0$, O_0". — Der nächste Satz zeigt, daß wir uns weiterhin ausschließlich auf die Betrachtung von geordneten Körpern beschränken dürfen, (wobei dann sinngemäß von Halbkörpern statt von Halbringen gesprochen werden soll).

Satz 6: *Es seien $\mathfrak{R}$ und $\mathfrak{R}_1 > \mathfrak{R}$ Ringe mit den Quotientenkörpern $\mathfrak{K}$, $\mathfrak{K}_1$, und es sei die Ordnung* O_1 *von* $\mathfrak{R}_1$ *eine Fortsetzung der Ordnung* O *von* $\mathfrak{R}$. *Dann gibt es zu* O *bzw.* O_1 *genau* *eine Fortsetzung* $\tilde{O}$ *bzw.* $\tilde{O}_1$ *auf* $\mathfrak{K}$ *bzw.* $\mathfrak{K}_1$, *und es ist dabei* $\tilde{O}_1$ *eine Fortsetzung von* $\tilde{O}$.

Beweis: Es sei $\mathfrak{H}_1^*(\mathfrak{H}^*)$ der zu $O_1(O)$ in $\mathfrak{R}_1(\mathfrak{R})$ gehörige totale Halbring und $\tilde{\mathfrak{H}}_1^*(\tilde{\mathfrak{H}}^*)$ der Halbring aller Quotienten $a \cdot b^{-1}$ mit a, b in $\mathfrak{H}_1^*(\mathfrak{H}^*)$. Dann ist zunächst $\tilde{\mathfrak{H}}_1^*(\tilde{\mathfrak{H}}^*)$ Unterhalbring jedes $\mathfrak{H}_1^*(\mathfrak{H}^*)$ umfassenden, in $\mathfrak{K}_1(\mathfrak{K})$ totalen Halbrings. Es ist aber sogar $\tilde{\mathfrak{H}}_1^*(\tilde{\mathfrak{H}}^*)$ selbst in $\mathfrak{K}_1(\mathfrak{K})$ total, weil jedes α aus $\mathfrak{K}_1(\mathfrak{K})$ von der Form $\alpha = (\pm a) \cdot b^{-1}$ mit a, b in $\mathfrak{H}_1^*(\mathfrak{H}^*)$. Zu $\tilde{\mathfrak{H}}_1^*(\tilde{\mathfrak{H}}^*)$ gehört somit die einzige Fortsetzung $\tilde{O}_1(\tilde{O})$ von $O_1(O)$ auf $\mathfrak{K}_1(\mathfrak{K})$. Dabei ist $\tilde{O}_1$ Fortsetzung von $\tilde{O}$, weil $\tilde{\mathfrak{H}}_1^* \frown \mathfrak{K} = \tilde{\mathfrak{H}}^*$ aus $\mathfrak{H}_1^* \frown \mathfrak{R} = \mathfrak{H}^*$ folgt.

Der reelle Körper $\mathfrak{K}$ möge ein q-Körper heißen, wenn in $\mathfrak{K}$ von zwei Elementen $a, -a$ stets eines (und damit wegen der Realität von $\mathfrak{K}$ genau eines) Quadrat ist. Aus der Tatsache, daß die Menge $\mathfrak{Q}'_{\mathfrak{K}}$ aller Quadrate in $\mathfrak{K}$ stets Untermenge von $\mathfrak{Q}_{\mathfrak{K}}$ ist, folgt sofort:

Satz 7: *Ein reeller q-Körper* $\mathfrak{K}$ *besitzt genau eine Ordnung* O. *Man erhält sie durch die Festsetzung: „$a > b$ genau dann, wenn $a - b$ Quadrat in* $\mathfrak{K}$".

Die reellen q-Körper zeigen also vom Standpunkt der Ordnungen ein besonders einfaches Verhalten. Um die Existenz solcher Körper nachzuweisen, definieren wir:

Der Körper $\mathfrak{L}$ heißt a-maximal bzw. q-maximal über $\mathfrak{K}, O$, wenn $\mathfrak{L}$ reell über $\mathfrak{K}, O$, jedoch kein echter algebraischer Oberkörper bzw. kein quadratischer Oberkörper von $\mathfrak{L}$ reell über $\mathfrak{K}, O$ ist. Offenbar ist jeder über $\mathfrak{K}, O$ a-maximale Körper auch q-maximal über $\mathfrak{K}, O$. Ist $\mathfrak{K}^*$ ein über $\mathfrak{K}$ algebraisch abgeschlossener Körper, so bildet die Menge aller über $\mathfrak{K}, O$ reeller Körper $\mathfrak{L}$ mit $\mathfrak{K} \leqq \mathfrak{L} \leqq \mathfrak{K}^*$ ein induktives System im Sinne von § 25, und daraus folgt sofort, daß in $\mathfrak{K}^*$ mindestens ein über $\mathfrak{K}, O$ a-maximaler Körper $\mathfrak{L}^*$ existiert. — Wir zeigen nun:

S a t z 8: *Jeder über* $\mathfrak{K}$, O *q-maximale Körper* $\mathfrak{L}$ *ist ein q-Körper.*

Beweis: a) Ist a in $\mathfrak{L}$ und $\mathfrak{L}' = \mathfrak{L}(\sqrt{a}) > \mathfrak{L}$, so gibt es in $\mathfrak{L}$ Elemente $b_i c_i (i = 1, \ldots, n)$ mit $b_i^2 + c_i^2 \neq 0$ und $\alpha_i > 0$ in O aus $\mathfrak{K}$, derart daß $\sum_{i=1}^{n} \alpha_i (b_i + c_i \sqrt{a})^2 = \sum_{i=1}^{n} \alpha_i b_i^2 + a \cdot \sum_{i=1}^{n} \alpha_i c_i^2 + 2\sqrt{a} \sum_{i=1}^{n} \alpha_i b_i c_i = 0$. Es folgt: $\sum_{i=1}^{n} \alpha_i b_i^2 + a \cdot \sum_{i=1}^{n} \alpha_i c_i^2 = 0$.

b) Wäre auch $\mathfrak{L}(\sqrt{-a}) > \mathfrak{L}$, so würde in gleicher Weise wie bei a) eine Gleichung $\sum_{k=1}^{m} \beta_k d_k^2 - a \cdot \sum_{k=1}^{m} \beta_k e_k^2 = 0$ folgen. Der Vergleich von a) und b) liefert: $0 = \sum_{i=1}^{n} \alpha_i b_i^2 \cdot \sum_{k=1}^{m} \beta_k e_k^2 + \sum_{i=1}^{n} \alpha_i c_i^2 \cdot \sum_{k=1}^{m} \beta_k d_k^2 = \sum_{i=1}^{n} \sum_{k=1}^{m} \{\alpha_i \beta_i [(b_i e_k)^2 + (c_i d_k)^2]\}$, was der Realität von $\mathfrak{L}$ über $\mathfrak{K}$, O widerspricht.

§ 39. Archimedische Ordnungen

Bei dem Körper $\mathfrak{K}$ mit der Ordnung O bedeute im folgenden $\mathfrak{K}_O$ den Halbkörper aller in O positiven Elemente. Ist A eine isomorphe Abbildung des Körpers $\mathfrak{K}$ mit der Ordnung O auf den Körper $\mathfrak{K}'$ mit der Ordnung O', so sprechen wir von einem O-O'-Isomorphismus, wenn A gerade $\mathfrak{K}_O$ auf $\mathfrak{K}'_O$ abbildet, d. h. wenn genau dann $aA > bA$ in O', falls $a > b$ in O. Eine umkehrbar eindeutige Abbildung A von $\mathfrak{K}_O$ auf $\mathfrak{K}'_O$ heißt natürlich Isomorphismus, wenn $(a \dotplus b)A = aA \dotplus bA$.

H i l f s s a t z: Sind $\mathfrak{K}, \mathfrak{K}'$ mit den Ordnungen O, O' und ist A eine isomorphe Abbildung von $\mathfrak{K}_O$ auf $\mathfrak{K}'_O$, so kann A zu einem O-O'-Isomorphismus von $\mathfrak{K}$ auf $\mathfrak{K}'$ dadurch erweitert werden, daß man $0A = 0$, $(-a)A = -(aA)$ (a in $\mathfrak{K}_O$) festsetzt.

Beweis im wesentlichen trivial. Andeutung: Sind a, b aus $\mathfrak{K}_{\mathrm{O}}$ und $a > b$, also $a - b$ ebenfalls in $\mathfrak{K}_{\mathrm{O}}$, so hat man $(a-b)A + bA = aA$, also $(a-b)A = aA - bA$. Nach unserer Festsetzung folgt dann weiter: $(b-a)A = -(a-b)A = bA - aA$. Bei der Multiplikation beachte man die Vorzeichenregeln. — Es soll jetzt die Sonderstellung des Körpers $\mathsf{R} = \mathfrak{K}_r$ aller reellen Zahlen und seiner natürlichen Ordnung O_r herausgearbeitet werden. Dabei benützen wir das folgende Modell für den Halbkörper $\mathsf{R}_{\mathrm{O}_r}$: Wir nennen eine echte Untermenge φ des Halbkörpers $(\mathfrak{K}_0)_{\mathrm{O}_0} = \mathfrak{K}_0^+$ aller positiven rationalen Zahlen eine Unterklasse, wenn 1. φ gleichzeitig mit r auch jede Zahl $s < r$ aus $\mathfrak{K}_0^+$ enthält und wenn 2. φ keine größte Zahl enthält. Ist $\varphi_1 > \varphi_2$ im mengentheoretischen Sinn, so setzen wir $\varphi_1 > \varphi_2$. Mit $\varphi_1 + \varphi_2$ bzw. $\varphi_1 \cdot \varphi_2$ bezeichnen wir die Menge aller Summen $r_1 + r_2$ bzw. aller Produkte $r_1 \cdot r_2$ (r_i in φ_i; $i = 1, 2$), die, wie leicht zu sehen, selbst wieder eine Unterklasse bildet. Es darf nun als bekannt vorausgesetzt werden: *Auf Grund unserer Definition bildet die Menge aller Unterklassen ein Modell des Halbkörpers* $\mathsf{R}_{\mathrm{O}_r}$, (falls man noch für r aus $\mathfrak{K}_0^+$ die Unterklasse φ_r aller $s < r$ mit r identifiziert).

Der Leser beachte, daß unser Rechnen mit Unterklassen im wesentlichen auf das mit Dedekindschen Schnitten herauskommt. Wir definieren jetzt noch: Die Ordnung O des (wie immer bei uns als Oberkörper von $\mathfrak{K}_0$ aufgefaßten) Körpers $\mathfrak{K}$ soll archimedisch heißen, wenn zu a, b aus $\mathfrak{K}_{\mathrm{O}}$ stets eine ganze positive Zahl n existiert, derart daß $n \cdot a > b$ in O, also $n \cdot a - b$ in $\mathfrak{K}_{\mathrm{O}}$. — Offenbar ist die Ordnung O_r von R archimedisch. Das gleiche gilt für die Beschränkung $\mathrm{O}_{r,\mathfrak{K}}$ von O_r auf irgendeinen Unterkörper $\mathfrak{K}$ von R.

Hauptsatz der archimedischen Ordnungen: *Ist* O *eine archimedische Ordnung des Körpers* $\mathfrak{L}$, *so gibt es stets einen* O-$\mathrm{O}_{r,\mathfrak{K}}$-*Isomorphismus von* $\mathfrak{L}$ *auf einen Unterkörper* $\mathfrak{K}$ *von* R.

Beweis: a) Für jedes a aus $\mathfrak{L}_O(\geqq \mathfrak{K}_0^+)$ bildet die Menge φ_a aller $r < a$ aus $\mathfrak{K}_0^+$ eine Unterklasse. — Man beachte: φ_a ist nicht leer, weil $n \cdot a > 1$, also n^{-1} in φ_a; es ist $\varphi_a \neq \mathfrak{K}_0^+$, weil $n \cdot 1 = n > a$ für passendes n. Ferner enthält φ_a keine größte Zahl, weil zu $r < a$ ein n existiert, derart daß $n(a - r) > 1$, also $a > r + n^{-1}$. — b) Es seien a und $b < a$ aus $\mathfrak{L}_O$, und es seien m, n so gewählt, daß $n(a - b) > 1$, $(m - 1)\, n^{-1} \leqq b$, $mn^{-1} > b$. Dann liegt mn^{-1} in φ_a, aber nicht in φ_b, aus $a > b$ folgt also $\varphi_a > \varphi_b$. — c) Zu jedem a aus $\mathfrak{L}_O$ gibt es ein n, für das $n^{-1} < a$ (vgl. a)). Ist ferner $n^{-1} < a$ und im übrigen n beliebig groß, so gibt es ein m, derart daß $m \cdot n^{-1} \leqq a$, $(m + 1)\, n^{-1} > a$, also $a - m \cdot n^{-1} < n^{-1}$ (vgl. b)). Daraus folgt leicht: Ist r beliebig aus φ_{a+b} $(\varphi_{a \cdot b})$, so gibt es ein r_1 in φ_a und ein r_2 in φ_b, für das $r_1 + r_2 < a + b$ $(r < r_1 \cdot r_2 < a \cdot b)$; es gilt $\varphi_{a+b} = \varphi_a + \varphi_b$, $\varphi_{a \cdot b} = \varphi_a \cdot \varphi_b$. — d) Aus a)—c) ergibt sich: Durch $aA = \varphi_a$ wird eine umkehrbar eindeutige und isomorphe Abbildung von $\mathfrak{L}_O$ auf den Halbkörper aller in $O_{r,\mathfrak{K}}$ positiven Elemente eines Unterkörpers $\mathfrak{K}$ von R definiert. Nach dem Hilfssatz läßt sich A zu einem O-$O_{r,\mathfrak{K}}$-Isomorphismus von $\mathfrak{L}$ auf $\mathfrak{K}$ erweitern.

Der Hauptsatz zeigt, daß R in gewissem Sinn der größte archimedisch geordnete Körper ist. Andererseits folgt aus ihm: Man erhält jede archimedische Ordnung eines Körpers $\mathfrak{L}$ dadurch, daß man einen Isomorphismus A von $\mathfrak{L}$ auf einen Unterkörper $\mathfrak{K}$ von R angibt und „$a > b$ in O genau dann, wenn $aA > bA$ in $O_{r,\mathfrak{K}}$" festsetzt. — Zur Erläuterung der Bedeutung unseres Resultats betrachten wir zunächst einen algebraischen Oberkörper $\mathfrak{L} = \mathfrak{K}_0(\alpha)$, wobei α Nullstelle des unzerlegbaren Polynoms $p(x) = x^n + r_1 x^{n-1} + \cdots + r_n$ aus $\mathfrak{K}_0[x]$. Nach dem Gaußschen Fundamentalsatz von § 9 wird $p(x) = (x - \varrho_1) \cdot \ldots \cdot (x - \varrho_n)$ $(\varrho_i \neq \varrho_k$ für $i \neq k)$ über dem Körper $\mathsf{C} = \mathfrak{K}_k$ aller komplexen Zahlen, wobei etwa $\varrho_1, \ldots, \varrho_m$ reell und $\varrho_{m+1}, \ldots, \varrho_n$ echt komplex sein mögen. Durch die Vorschrift „$\alpha A_i = \varrho_i$, $q(\alpha) A_i = q(\varrho_i)$ für $q(x)$ aus $\mathfrak{K}_0[x]$“ erhalten wir für $i = 1, \ldots, m$ einen Isomorphismus A_i von $\mathfrak{L}$ auf den Unterkörper $\mathfrak{K}_0(\varrho_i)$ von R und damit eine archimedische Ordnung O_i von $\mathfrak{L}$. Wegen $\varrho_i \neq \varrho_k$ sind die Ordnungen $\mathrm{O}_1, \ldots, \mathrm{O}_m$ von $\mathfrak{L}$ alle verschieden. Weitere archimedische Ordnungen von $\mathfrak{L}$ existieren nicht, weil bei jedem Automorphismus A von $\mathfrak{L}$ auf einen Unterkörper von R sicher $p(\alpha) A = p(\alpha A) = 0$ und somit αA eine reelle Nullstelle von $p(x)$ ist. — Es besitzt aber $\mathfrak{L}$ auch keine nichtarchimedische Ordnung O. Denn bei einer solchen gäbe es in $\mathfrak{L}$ ein Paar α, β mit $0 < \alpha < \beta$ und $n \cdot \alpha < \beta$ für alle n. Dann aber wäre auch $n \cdot \gamma^{m-1} < \gamma^m$ ($\gamma = \beta \cdot \alpha^{-1}$; $m = 0, 1, 2, \ldots$) für alle n und daraus folgte $q(\gamma) \neq 0$ für jedes $q(x) \neq 0$ aus $\mathfrak{K}_0[x]$, während doch γ als Element von $\mathfrak{K}_0(\alpha)$ sicher Nullstelle eines solchen $q(x)$ ist. Wir haben also den Satz:

Ist α Nullstelle eines Polynoms $p(x)$ aus $\mathfrak{K}_0$ vom Grade n, so besitzt $\mathfrak{L} = \mathfrak{K}_0(\alpha)$ keine nichtarchimedische und höchstens n archimedische Ordnungen.

Ziehen wir noch die Ergebnisse von § 38 heran, so erhalten wir weiter den bemerkenswerten Satz:

$\mathfrak{L}$ besitzt genau eine archimedische Ordnung, wenn 1. *in $\mathfrak{L}$ keine Quadratensumme verschwindet und* 2. *in $\mathfrak{L}$ von jedem Paar $\gamma \neq 0$, $-\gamma$ genau ein Element als Quotient von Quadratensummen darstellbar ist.*

Es sei jetzt weiter u eine Unbestimmte über $\mathfrak{K}_0$ und $\mathfrak{L}$ der Körper aller Quotienten $p(u) \cdot q(u)^{-1}$ ($p(u)$ und $q(u) \neq 0$ aus $\mathfrak{K}_0[u]$). Ist dann ϱ eine der (bekanntlich in unendlicher Anzahl vorhandenen) „transzendenten“ reellen Zahlen, bei denen $q(\varrho) \neq 0$ für jedes $q(x) \neq 0$ aus $\mathfrak{K}_0[x]$, so definiert $(p(u) \cdot q(u)^{-1}) A = p(\varrho) \cdot q(\varrho)^{-1}$ stets einen Isomorphismus von $\mathfrak{L}$ auf einen Unterkörper von R und damit eine archimedische Ordnung von $\mathfrak{L}$; es besitzt also $\mathfrak{L}$ unendlich viele archimedische Ordnungen. Aber auch nichtarchimedische Ordnungen von $\mathfrak{L}$ existieren. Z. B. bildet die Menge aller Polynome $q(x) = r_0 x^n + r_1 x^{n-1} + \cdots + r_n$ mit $r_0 > 0$ und $n = 0, 1, 2, \ldots$ in $\mathfrak{K}_0[x]$ einen totalen Halbring. Sie definiert also eine Ordnung O von $\mathfrak{K}_0[u]$, die sich nach Satz 6 von § 38 zu einer Ordnung $\tilde{\mathrm{O}}$ des Quotientenkörpers $\mathfrak{L}$ von $\mathfrak{K}_0[u]$ fortsetzen läßt. $\tilde{\mathrm{O}}$ ist nichtarchimedisch, weil $n \cdot 1 = n < u$ in $\tilde{\mathrm{O}}$ für alle n.

Es sei schließlich ganz speziell α Nullstelle von $p(x) = x^4 - 2$ und $\mathfrak{L} = \mathfrak{K}_0(\alpha^2)$, $\mathfrak{L}_1 = \mathfrak{K}_0(\alpha)$. Dann sind $\mathfrak{L}$ und $\mathfrak{L}_1$ beide reell, und es besitzen $\mathfrak{L}$ und $\mathfrak{L}_1$ je zwei archimedische Ordnungen $\mathrm{O}_1, \mathrm{O}_2$ bzw. $\mathrm{O}_{11}, \mathrm{O}_{12}$. Man erhält diese Ordnungen, wenn man $\mathfrak{L}$ bzw. $\mathfrak{L}_1$ durch die Vorschriften $\alpha^2 A_1 = +\sqrt{2}$, $\alpha^2 A_2 = -\sqrt{2}$ isomorph auf $\mathfrak{K}_0(\sqrt{2}) \subset \mathsf{R}$ bzw. durch die Vorschriften $\alpha A_{11} = +\sqrt[4]{2}$, $\alpha A_{12} = -\sqrt[4]{2}$ isomorph auf $\mathfrak{K}_0(\sqrt[4]{2}) \subset \mathsf{R}$ abbildet. Es ist nun sofort klar: $\mathrm{O}_{11}, \mathrm{O}_{12}$ setzen beide die Ordnung O_1 von $\mathfrak{L}$ auf $\mathfrak{L}_1$ fort. Zu O_2 dagegen existiert keine Fortsetzung auf $\mathfrak{L}_1$. — Dieses Beispiel zeigt, daß die Sätze 2, 3 von § 38 keine ausreichende Grundlage für eine befriedigende Theorie der geordneten Körper liefern, daß sie unbedingt durch die Sätze 4, 5 ergänzt werden müssen. Denn man wird z. B. bei der Untersuchung eines endlichen Normaloberkörpers $\mathfrak{N}$ eines beliebigen festgeordneten Körpers $\mathfrak{K}$ Wert darauf legen, für alle Körper $\mathfrak{L}$ zwischen $\mathfrak{K}$ und $\mathfrak{N}$ alle Ordnungen zu bestimmen, die die Ordnung O des Grundkörpers fortsetzen und die zwischen diesen Ordnungen bestehenden Beziehungen festzustellen.

Das die archimedischen Ordnungen charakterisierende Axiom trägt zu Unrecht den Namen des größten griechischen Mathematikers Archimedes (gest. 212 v. Chr. bei der Einnahme von Syrakus durch die Römer). Es findet sich nämlich schon im auf Eudoxos von Knidos (um 350

v. Chr.) zurückgehenden 5. Buche der „Elemente" Euklids (um 300 v. Chr.). Dort werden (um die moderne, den Griechen natürlich fremde Terminologie zu gebrauchen) archimedisch geordnete totale Halbgruppen untersucht. Die dabei entwickelte Proportionenlehre ermöglicht aber leicht den Übergang von Halbgruppen zu Halbkörpern. Besonders bemerkenswert ist, daß die griechische Definition der Proportionalität für Dedekind den Ausgangspunkt bildete bei seiner Einführung des Begriffes des Dedekindschen Schnittes, der letzten Endes auch dem von uns oben benutzten Modell des Körpers R aller reellen Zahlen zugrunde lag. Andererseits ist zu betonen, daß sich im 5. Buche Euklids keinerlei Begriffsbildung findet, die als Analogon zum Halbkörper R^+ aller positiven reellen Zahlen bezeichnet werden könnte. (Der Begriff des Negativen fehlt sowieso bei Euklid vollständig.)

§ 40. a-maximale reelle Körper und der Fundamentalsatz der Algebra

Die in § 38 gewissermaßen behelfsmäßig eingeführten a-maximalen Körper haben selbständige Bedeutung. Wir zeigen zunächst: *Ist $\mathfrak{L}$ über $\mathfrak{K}$, O reell und a-maximal, so ist $\mathfrak{L}$ auch reell und a-maximal über* $\mathfrak{K}_0$, O_0.

Beweis: „Reell über $\mathfrak{K}_0$" ist klar. Ist ferner $\mathfrak{L}(\alpha)$ ein echter algebraischer Oberkörper von $\mathfrak{L}$, so gilt eine Gleichung $\sum_{i=1}^{n} a_i\beta_i^2 = 0$ mit $a_i > 0$ aus $\mathfrak{K}$ und $\beta_i \neq 0$ aus $\mathfrak{L}(\alpha)$; und da $\mathfrak{L}$ ein q-Körper ist (vgl. § 38), haben wir $a_i = b_i^2$ in $\mathfrak{L}$, $\sum_{i=1}^{n} (b_i\beta_i)^2 = 0$ in $\mathfrak{L}(\alpha)$. — Wir brauchen unter diesen Umständen weiterhin nur über $\mathfrak{K}_0$, O_0 reelle a-maximale Körper zu betrachten, die wir kurz als maximal-reelle Körper bezeichnen.

Hauptsatz der maximal-reellen Körper: *Ist $\mathfrak{K}_m$ maximal-reell, so ist stets $\mathfrak{K}_m(i)$ algebraisch abgeschlossen, falls i Nullstelle des über $\mathfrak{K}_m[x]$ unzerlegbaren Polynoms* $x^2 + 1 = (x + i) \cdot (x - i)$.

Beim Beweis sei $\mathfrak{L}^* \geqq \mathfrak{K}_m(i)$ der zu $\mathfrak{K}_m$ gehörige algebraisch abgeschlossene Körper. a, b, c, d bzw. $\alpha, \beta, \gamma, \delta$ bzw. $\lambda, \mu, \nu, \varrho$ seien Elemente aus $\mathfrak{K}_m$ bzw. $\mathfrak{K}_m(i)$ bzw. $\mathfrak{L}^*$. Die (einzige) Ordnung von $\mathfrak{K}_m$ sei O. Für $a > 0$ bedeute stets $\sqrt{a} = b$ die positive Quadratwurzel aus a, so daß speziell $\sqrt{b^2} = |b|$. —

Beweis: a) Jedes quadratische Polynom $\alpha_2(x) = x^2 + 2\alpha x + \beta$ hat eine Nullstelle in $\mathfrak{K}_m(i)$. — Da $-\alpha + \sqrt{\alpha^2 - \beta}$ Nullstelle von $\alpha_2(x)$, ist nur zu zeigen, daß $\sqrt{\gamma}$ in $\mathfrak{K}_m(i)$ für jedes $\gamma = a + bi$. Für $b = 0$ ist das klar. Für $b \neq 0$, $\operatorname{sign} b = |b| \cdot b^{-1}$ aber erhält man, wie sofort nachzurechnen $\sqrt{a+bi} = \frac{1}{\sqrt{2}}\left(\sqrt{a + \sqrt{a^2+b^2}} + i \cdot \operatorname{sign} b \cdot \sqrt{-a + \sqrt{a^2+b^2}}\right)$. Dabei liegen rechts beide Quadratwurzeln in $\mathfrak{K}_m$; denn es ist nicht nur $|a| + \sqrt{a^2+b^2} > 0$, sondern wegen $(\sqrt{a^2+b^2} + |a|) \cdot (\sqrt{a^2+b^2} - |a|) = b^2 > 0$ auch $-|a| + \sqrt{a^2+b^2} > 0$.

b) Jedes Polynom ungeraden Grades $a(x)$ aus $\mathfrak{K}_m[x]$ hat in $\mathfrak{K}_m$ eine Nullstelle. Der Beweis braucht nur geführt zu werden für $a(x)$ vom Grade $|a(x)| = 2m + 1$ $(m \geqq 1)$ unter der Annahme, daß die Behauptung für alle $\tilde{a}(x)$ mit $|\tilde{a}(x)| = 2\tilde{m} + 1$, $\tilde{m} < m$ zutrifft. Falls $a(x) = a_1(x) \cdot \ldots \cdot a_s(x)$ in $\mathfrak{K}_m[x]$ mit $s > 1$, wird $|a_1(x)| = 2\tilde{m} + 1$, $\tilde{m} < m$ bei passender Numerierung, und es hat $a_1(x)$, also auch $a(x)$ in $\mathfrak{K}_m$ eine Nullstelle c. Es bleibt also nur zu zeigen: Die Annahme „$a(x)$ unzerlegbar über $\mathfrak{K}_m$" führt zu einem Widerspruch. Sei also λ Nullstelle von $a(x)$ und $\mathfrak{K}_m(\lambda) : \mathfrak{K}_m = 2m + 1 = |a(x)|$. Dann gibt es Elemente $\mu_i = \sum_{k=0}^{2m} a_{ik}\lambda^k \neq 0$ in $\mathfrak{K}_m(\lambda)$ $(i = 0, 1, \ldots, n)$, derart daß $\sum_{i=0}^{n} \mu_i^2 = 0$. Dabei darf und soll $\mu_0 = 1$ angenommen werden. (Denn es ist ja $\sum_{i=0}^{n} \tilde{\mu}_i^2 = 0$, $\tilde{\mu}_0 \neq 0$ gleichwertig mit $1 + \sum_{i=1}^{n} \mu_i^2 = 0$, $\mu_i = \tilde{\mu}_i \cdot \tilde{\mu}_0^{-1}$.) Sei $l > 1$ so gewählt, daß $a_{ik} = 0$ $(i = 1, \ldots, n;\ k > l)$, aber $\sum_{i=1}^{n} a_{il}^2 > 0$. Dann ist $1 + \sum_{i=1}^{n} \mu_i^2 = 0$ gleichwertig mit einer Polynomgleichung in $\mathfrak{K}_m[x]$: $1 + \sum_{i=1}^{n} (\sum_{k=0}^{l} a_{ik} x^k)^2 = c(x) = a(x) \cdot b(x)$ $(|c(x)| = 2 \cdot l \leqq 4m;\ |b(x)| = 2l - (2m+1) < 2m + 1)$. Nach Voraussetzung hat $c(x)$ in $\mathfrak{K}_m$ eine Nullstelle c, und es ergibt sich $1 + \sum_{i=1}^{n} (\sum_{k=0}^{l} a_{ik} c^k)^2 = 0$, was ausgeschlossen.

c) Jedes $a(x)$ aus $\mathfrak{K}_m[x]$ hat in $\mathfrak{K}_m(i)$ eine Nullstelle. — Es ist offenbar nur zu zeigen: Die Behauptung ist richtig für $|a(x)| = 2^m(2r+1)$, $(m \geqq 1)$, falls sie für alle $\tilde{a}(x)$ mit $|\tilde{a}(x)| = 2^{\tilde{m}}(2\tilde{r}+1)$, $(\tilde{m} < m)$ zutrifft. Sei $a(x) = (x - \lambda_1) \cdot \ldots \cdot (x - \lambda_n)$ in $\mathfrak{L}^*$ mit $n = 2^m(2r+1)$, und es sei $\mu_{ik,l} = (\lambda_i + \lambda_k) + c_l \cdot \lambda_i \cdot \lambda_k$ $(i, k = 1, \ldots, n;$ $i \neq k;\ l = 1, \ldots, \binom{n}{2} + 1)$ mit $c_l \neq c_{l'}$ $(l \neq l')$. Dann gehören die $\binom{n}{2} + 1$ Polynome $c_l(x) = \prod_{i,k=1}^{n} (x - \mu_{ik,l})$ vom Grade $\binom{n}{2}$ wegen der Symmetrie in den Nullstellen $\lambda_1, \ldots, \lambda_n$ von $a(x)$ alle zu $\mathfrak{K}_m[x]$ (vgl. § 6), und da $\binom{n}{2} = \dfrac{n \cdot (n-1)}{2} = 2^{m-1}(2\breve{r}+1)$, hat jedes $c_l(x)$ eine in $\mathfrak{K}_m(i)$ liegende Nullstelle. Es gibt also mindestens ein Paar $l_1, l_2 \neq l_1$ und eine feste Indexkombination i, k, derart daß sowohl $\mu_{ik, l_1} = \lambda_i + \lambda_k + c_{l_1} \cdot \lambda_i \cdot \lambda_k$ als auch $\mu_{ik, l_2} = \lambda_i + \lambda_k + c_{l_2} \cdot \lambda_i \cdot \lambda_k$ zu $\mathfrak{K}_m(i)$ gehören. Daraus folgt aber, daß $\lambda_i + \lambda_k$ und $\lambda_i \cdot \lambda_k$ und damit auch die Nullstellen λ_i, λ_k von $x^2 - (\lambda_i + \lambda_k)\, x + \lambda_i \cdot \lambda_k$ in $\mathfrak{K}_m(i)$ liegen (vgl. a)).

d) Es sei $\pi(x) = x^n + \sum_{k=1}^{n} (a_k + ib_k)\, x^{n-k}$ und damit auch $\bar{\pi}(x) = x^n + \sum_{k=1}^{n} (a_k - ib_k)\, x^{n-k}$ aus $\mathfrak{K}_m(i)\,[x]$. Dann liegt $p(x) = \pi(x) \cdot \bar{\pi}(x)$ in $\mathfrak{K}_m(x)$, und nach c) gibt es eine Nullstelle $a + bi$ von $p(x)$. Da aber $(c + di)\, A = c - di$ einen Isomorphismus von $\mathfrak{K}_m(i)$ auf sich selbst über $\mathfrak{K}_m$ definiert, folgt weiter: $p(x)$ hat die beiden Nullstellen $a + bi$, $a - bi$ und zwar ist eine von ihnen Nullstelle von $\pi(x)$, die andere von $\bar{\pi}(x)$. Ein über $\mathfrak{K}_m(i)$ unzerlegbares Polynom ist also notwendig linear, d. h. $\mathfrak{K}_m(i)$ ist algebraisch abgeschlossen. Um den Gaußschen Fundamentalsatz der Algebra in unseren Gedankenkreis einzuordnen, beachten wir: Wie wohlbekannt und auf Grund der Definition von § 39 leicht zu zeigen, gilt für $\mathsf{R} = \mathfrak{K}$ der folgende spezielle Satz vom Zwischenwert: Sind a und $b > a$ in $\mathfrak{K}$, und wird $p(a) \cdot p(b) < 0$ für ein Polynom $p(x)$ aus $\mathfrak{K}[x]$, so gibt es in $\mathfrak{K}$ eine Nullstelle c von $p(x)$ mit $a < c < b$. Auf Grund dieser Bemerkung ergibt sich der Gaußsche Fundamentalsatz als einfaches Korollar zu folgendem Theorem:

Satz 1: *Der (fest geordnete) Körper $\mathfrak{K}$ ist genau dann maximal-reell, wenn für $\mathfrak{K}$ der spezielle Satz vom Zwischenwert gilt.*

Beweis: a) Ist $\mathfrak{K} = \mathfrak{K}_m$ maximal-reell, so besitzt jedes $p(x)$ aus $\mathfrak{K}_m[x]$ nach dem Hauptsatz über $\mathfrak{K}_m$ eine Zerlegung $p(x) = \prod_{i=1}^{r} (x - a_i) \cdot \prod_{k=1}^{s} (x^2 - 2b_k x + c_k)$, wobei die Faktoren $q_k(x) = x^2 - 2b_k x + c_k$ $(k = 1, \ldots, s)$ über $\mathfrak{K}_m$ unzerlegbar sind, was wegen $q_k(x) = (x - b_k)^2 + (c_k - b_k^2)$ soviel wie $(c_k - b_k^2) > 0$ $(k = 1, \ldots, s)$ bedeutet. Wir haben also $q_k(c) > 0$ $(k = 1, \ldots, s)$ für jedes c aus $\mathfrak{K}_m$. Soll somit $p(a) \cdot p(b) < 0$ mit $a < b$ sein, so muß $(a - a_i) \cdot (b - a_i) < 0$, d. h. $a < a_i < b$ für mindestens ein i gelten.

b) Ein fest geordneter Körper $\mathfrak{K}$, für den der Satz vom Zwischenwert richtig ist, ist jedenfalls ein q-Körper. Denn für jedes $c > 0$ aus $\mathfrak{K}$ haben wir $(0^2 - c) \cdot ((c+1)^2 - c) = -c(c^2 + c + 1) < 0$, es muß also $x^2 - c$ in $\mathfrak{K}$ eine Nullstelle $\sqrt{c}$ (mit $0 < \sqrt{c} < c + 1$) besitzen. Außerdem aber hat jedes Polynom $p(x) = x^n + \sum_{k=1}^{n} a_k x^{n-k}$ aus $\mathfrak{K}[x]$ von ungeradem Grade $n = 2m + 1$ aus $\mathfrak{K}[x]$ in $\mathfrak{K}$ eine Nullstelle, weil $p(a) < 0$ für $a < -n \cdot \max |a_k| - 1$ und $p(b) > 0$ für $b > n \cdot \max |a_k| + 1$. $\mathfrak{K}$ besitzt also die Eigenschaft, die wir beim Hauptsatz unter b) für $\mathfrak{K}_m$ bewiesen. Andererseits folgt allein aus der Tatsache, daß $\mathfrak{K}$ ein q-Körper ist nach Punkt a) des Beweises des Hauptsatzes, daß in $\mathfrak{K}(i)$ jedes quadratische Polynom aus $\mathfrak{K}(i)[x]$ eine Nullstelle hat. Man kann nun genauso weiterschließen wie beim Hauptsatz unter c) und d) und erkennt, daß $\mathfrak{K}(i)$ algebraisch abgeschlossen sein muß. Durch dieses Ergebnis wiederum erweist sich $\mathfrak{K}$ als maximal. — Die Analyse der Beweise von § 14 zeigt, daß dort nur von der Existenz einer Ordnung in dem betrachteten Körper $\mathfrak{K}$ sowie von dem speziellen Satz vom Zwischenwert Gebrauch gemacht wurde. Aus Satz 1 (Teil a) folgt also unmittelbar:

Satz 2: *Die Sätze über Nullstellen reeller Polynome von § 14 (Sätze von Sturm, Fourier usw.) gelten für Polynome über einem beliebigen reell maximalen Körper* $\mathfrak{K}_m$.

Sachverzeichnis

HANS-JOACHIM KOWALSKY

Lineare Algebra

Groß-Oktav. Etwa 300 Seiten. 1963. Ganzleinen etwa DM 30,–
(Göschens Lehrbücherei Band 27)

Der Verfasser Hans-Joachim Kowalsky, Professor an der Universität Erlangen, schrieb eine moderne Darstellung, wie sie in dieser Form bisher noch nicht vorgelegen hat.

OSKAR PERRON

Algebra. 2 Bände. Groß-Oktav.

Band I: Die Grundlagen.
3., verbesserte Auflage. Mit 4 Figuren. VIII, 301 Seiten. 1951. Halbleinen DM 16,–

Band II: Theorie der algebraischen Gleichungen.
3., verbesserte Auflage. Mit 5 Figuren. VIII, 261 Seiten. 1951. Halbleinen DM 14,–

(Göschens Lehrbücherei Band 8 und *9)*

GERHARD KOWALEWSKI

Einführung in die Determinantentheorie

einschließlich der Friedholm'schen Determinanten

4., verbesserte Auflage. Oktav. 348 Seiten. 1954. Ganzleinen DM 30,–

WALTER DE GRUYTER & CO · BERLIN 30

FSC
www.fsc.org
MIX
Papier | Fördert gute Waldnutzung
FSC® C083411

Zeitfracht Medien GmbH
Ferdinand-Jühlke-Straße 7
99095 Erfurt, Deutschland
produktsicherheit@kolibri360.de